重庆市社会科学联合会社会科学规划项目
项目名称：乡村振兴战略下重庆民族地区传统建筑保护与开发研究
项目编号：2018YBGL077

Doctoral Thesis Collection in Architectural and Civil Engineering

# 建筑遗产保护利益协调机制研究

JIANZHU YICHAN BAOHU LIYI XIETIAO JIZHI YANJIU

王瑞玲 著

重庆大学出版社

## 内容提要

本书运用管理学、经济学、伦理学等多学科知识，通过问卷调查和文献梳理的方式对建筑遗产保护所涉及的主要利益相关者的角色进行了剖析；分析了目前建筑遗产保护各利益相关者利益不协调的现状，通过构建博弈模型、调查访谈分析了建筑遗产保护各利益相关者之间利益冲突的根源；构建了“政府主导、协调委员会协调、专家（学界）咨询、开发企业配合、公众参与”的多主体共同管治的建筑遗产保护利益协调机制，提出了利益协调机制运行的措施。最后以重庆磁器口历史街区更新改造项目为例对其进行了实证分析，验证了本书所建立的利益协调机制的科学性和合理性。

**图书在版编目(CIP)数据**

建筑遗产保护利益协调机制研究 / 王瑞玲著. -- 重庆：重庆大学出版社，2020.8

（建筑与土木工程博士文库）

ISBN 978-7-5689-2407-8

Ⅰ. ①建… Ⅱ. ①王… Ⅲ. ①建筑—文化遗产—保护—研究—中国 Ⅳ. ①TU-87

中国版本图书馆 CIP 数据核字(2020)第 153561 号

**建筑遗产保护利益协调机制研究**

王瑞玲 著

策划编辑：林青山

责任编辑：夏 宇 杨 颖 版式设计：林青山

责任校对：谢 芳 责任印制：赵 晟

*

重庆大学出版社出版发行

出版人：饶帮华

社址：重庆市沙坪坝区大学城西路 21 号

邮编：401331

电话：(023) 88617190 88617185(中小学)

传真：(023) 88617186 88617166

网址：http://www.cqup.com.cn

邮箱：fxk@cqup.com.cn（营销中心）

全国新华书店经销

重庆升光电力印务有限公司印刷

*

开本：787mm×1092mm 印张：8.5 字数：203 千

2020 年 11 月第 1 版 2020 年 11 月第 1 次印刷

ISBN 978-7-5689-2407-8 定价：69.00 元

# 前 言

建筑遗产保护工作是一个国家或地区可持续发展的重要内容，然而，在快速的新型城镇化进程中，大量的建筑遗产在推土机声中轰然倒下，这些承载着巨大历史文化信息的建筑遗产永远地消失在了历史长河之中。新型城镇化建设使得建筑遗产保护事业面临着较大困难，任何一个组织或个人都无法独立地承担此项工作，它需要社会各界的参与和合作，共同承担责任，需要社会权力对参与秩序进行规范和整合，对参与者的利益进行权衡。城市更新改造中许多建筑遗产被破坏，就是因为没有合适的利益协调机制来约束、协调各利益相关方的行为，缺乏社会权力对参与者的行为进行干预和权衡而造成的。因此建立合理的利益协调机制来协调建筑遗产保护中各利益相关者之间的利益关系，促使各利益相关者形成正确的价值观，从而使更多的建筑遗产得到保护是本书的主要目标。

基于对利益相关者理论和协调理论等的理解，结合我国国情，利用多元利益共赢机制来弥补我国建筑遗产保护机制和体制上的缺陷似乎更为科学合理。在这样的理念指引下，本书提出了多主体共同管治的建筑遗产保护利益协调机制，以期建立一个以多个利益相关者合作伙伴关系为取向的、注重普通民众参与的利益协调机制。通过利益协调机制，将这些具有不同利益倾向的利益相关者相互联系，既能约束、监督和调整各主要利益相关者的惯常行为，又能加强彼此间的沟通与协作，从而减少在城镇化中拆除或破坏建筑遗产的行为，减少建筑遗产保护中各利益相关者之间的利益冲突和不协调现象，使各利益相关者的利益能够得到均衡和协调发展，在能够满足自己利益目标的同时，又能以大局为重，以保护和传承城市的历史文化为己任，使城市朝着可持续方向发展。

本书运用管理学、经济学、伦理学等多学科知识，通过问卷调查和文献梳理的方式，对建筑遗产保护所涉及的主要利益相关者的角色进行了剖析（解决了 who 和 what 的问题）；分析了目前建筑遗产保护各利益相关者利益不协调的现状，通过构建博弈模型、调查访谈，分析了建筑遗产保护各利益相关者之间的利益冲突的根源（解决了 why 的问题）；构建了“政府主导、协调委员会协调、专家（学界）咨询、开发企业配合、公众参与”的多主体共同管治的建筑遗产保护利益协调机制，并提出了利益协调机制运行的措施（解决了 how 的问题）。最后以重庆磁器口历史街区更新改造项目为例，对其进行实证分析，验证了本书所建立的利益协调机制的科学性和合理性。

从博士研究生入学到博士论文的完成，我得到了太多的教诲、关怀和帮助。在此，深深地向我的老师们、朋友们、家人们、同事们道一声“谢谢”！是你们的指导、帮助、鼓励、关怀和理解，才使得我顺利完成本书。

王瑞玲

2020 年 8 月于重庆科技学院

# 目录

# 1

# 绪 论

## 1.1 研究背景

在我国近些年的城镇化进程中，许多地区都进行了大规模的更新改造，大量富有特色的建筑遗产及其周边环境被破坏或拆除，导致城市原来的空间结构、城市肌理被破坏甚至丧失，割裂了城市的历史，城市文化底蕴和城市特色逐渐消失。建筑遗产是城市历史记忆的符号和城市文化发展的链条，它记录了城市发展的历史进程，是城市宝贵的资产和财富。建筑遗产是城市精神的载体，是独一无二的不可再生资源，保护好这些遗产是我们当代人的重要责任和义务。建筑遗产在宣传当地形象、历史文化教育、维系乡土情结、构建和谐人居环境等方面具有巨大的历史文化价值、科学价值和经济价值。发达国家的经验足以证明保护建筑遗产对一个城市乃至一个国家经济发展的重要作用。

建筑遗产保护工作是一项复杂的系统工程，涉及多个利益相关者，而不同的利益相关者又有不同的利益预期。在我国近些年的城镇化进程中，由于没有建立一个有效的利益协调机制，各利益相关者都在追逐各自的利益最大化，只顾眼前的经济利益，忽视长远利益和社会利益。同时，有关建筑遗产保护的法律法规和制度的不完善，又给有关利益相关者，特别是开发企业提供了破坏建筑遗产的机会，而有的地方政府对开发商的行为不管不顾甚至包庇，城市建设趋于雷同。之所以造成这种现象，主要是因为：

①地方政府未建立有效的建筑遗产保护管理体制，执行不力。由于建筑遗产管理主体众多、权属关系复杂，往往需要规划、城建、文物等多个部门的沟通和协调才能解决问题，导致在城市更新改造中，管理较为混乱，一些单位责任落实不到位，给建筑遗产的保护工作带来了巨大的困难和压力，在很大程度上影响了建筑遗产保护的力度和效果。

②地方管理者的认识错位，保护意识淡薄。一些地方政府官员对建筑遗产的认知不够，以为城市发展就是要革旧迎新，导致保护建筑遗产的意识和责任感不强。

③建筑遗产保护相关法律、法规、政策和监督机制的缺失以及理论研究的滞后，助长了开发企业过度追求短期经济利益，忽略了长远利益和综合效益。

④在保护建筑遗产方面，没有充分调动当地居民和社会团体的积极性，使得保护建筑遗产的民间力量非常薄弱。

⑤中央政府对地方政府的考核、地方政府对开发企业的考核指标体系和考核方法不够科学合理，误导了地方政府和房地产企业对利益的追求。

我国国务院参事、住房和城乡建设部原副部长仇保兴在谈到建筑遗产保护问题时曾说，保护与发展是一对难解的矛盾。在对建筑遗产是否保护这一问题上，各利益相关者都在追逐各自的利益最大化，为了满足自身利益，不惜牺牲其他利益相关者的利益，在他们之间进行着一场利益的博弈。如果没有一个能够协调和监督各利益相关者行为的机构和有效机制，那么，在城市的更新改造中，利益的冲突和建筑遗产大量被破坏就不可避免，因为他们之间的利益关系不可能实现自动协调。因此，构建一个合理的适合我国国情的建筑遗产保护利益协调机制，对于协调各利益相关者之间的关系，有效地保护建筑遗产，延续城市文化和城市精神是非常必要的。本书正是在这样的背景下，提出了建筑遗产保护利益协调机制研究。通过协调、利益让渡和责任分担等方式构建有效的利益协调机制，以此来规范、引导、激励和约束各利益相关者在城市更新改造中的行为，找出适当的平衡点和管理模式，形成一种协同效应，有效地解决各利益相关者之间的利益冲突，确保建筑遗产保护所有利益相关者应有的利益，从而使建筑遗产得到良好的保护，维持城市可持续发展的能力。

## 1.2 研究目的和意义

### 1.2.1 研究目的

①通过文献梳理和问卷调查，识别出建筑遗产保护主要的利益相关者，为后续利益协调机制的建立打下基础。

②对各主要利益相关者的利益需求进行分析和研究，为构建利益协调机制提供理论依据。

③通过博弈分析方法，进一步分析各主要利益相关者之间的冲突，为利益协调机制的构建提供思路和指导。

④构建利益相关者利益协调机制，用法律、法规、制度和政策来约束或激励各利益相关者的行为，使之在城市更新改造中保护好建筑遗产，保护好城市文化，使城市具有可持续发展的基础和能力。

### 1.2.2 研究意义

在城镇化进程中协调好各利益相关者之间的利益关系，从而使建筑遗产得到合理的保护，是一个非常有价值的研究课题。本书的研究对延续城市历史文化、促进城市可持续发展具有很强的理论意义和实践意义。

#### 1）理论意义

本书通过利益相关者理论和协调理论，对保护建筑遗产所涉及的各主要利益相关者的利益需求和利益不协调现象进行了系统分析和研究,为利益协调机制的构建提供了科学的理论依据。目前利用利益相关者理论对城镇化中保护建筑遗产所涉及的主要利益相关者的系统的研究不多,关于他们之间利益协调的研究则是少之又少。本书将利益相关者理论加以引申,将其用于城镇化中对建筑遗产的保护这个大系统中,丰富了利益相关者理论。同时,本书建立的利益协调机制对新型城镇化中有效保护建筑遗产具有一定的理论指导意义。

**2)实践意义**

在城镇化中保留下可贵的建筑遗产,留住城市的记忆和历史的连续性,对城市的发展具有重要的战略意义。从长期来看,保护建筑遗产可以为当地带来巨大的经济效益,能促进当地旅游业及交通、服务业的发展,是地方经济的持续增长点。本书通过构建建筑遗产保护所涉及的主要利益相关者之间的利益协调机制,可以从一定程度上减少甚至遏止建筑遗产被破坏或被毁灭的现象。本书立足中国国情,对目前新型城镇化中协调建筑遗产保护所涉及的各利益相关者之间的利益关系具有重要的实践意义。

## 1.3 研究内容、研究方法和技术路线

### 1.3.1 研究内容

①对保护建筑遗产涉及的利益相关者的分析。通过文献梳理和问卷调查的方法确定保护建筑遗产的主要利益相关者,通过对各利益相关者利益需求和倾向的研究,识别出在建筑遗产保护中影响程度较大的利益相关者,并分析主要利益相关者的需求和他们的定位(解决了 who 和 what 的问题)。

②通过问卷调查的方法分析了各利益相关者之间的利益不协调现象,找出了他们之间利益不协调的根源所在,为协调各利益相关者之间的利益不协调现象提供了思路和指导(解决了 why 的问题)。

③确立了利益协调机制的目标和原则,构建了多主体共同管治的利益协调机制,并在此基础上针对重要的利益相关者,构建了“三角闭环互动”的利益协调推进机制,对利益协调机制的运行及保障措施进行了较为深入的分析(解决了 how 的问题)。

④以重庆磁器口历史街区更新改造为例,验证了本书构建的利益协调机制的科学性和合理性。

### 1.3.2 研究方法

本书按照“提出问题—分析问题—解决问题”的思路构思并撰写,具体采用了以下研究方法:

**1）专家访谈法和问卷调查法**

通过问卷调查，识别出保护建筑遗产所涉及的主要利益相关者。对各利益相关者之间的利益不协调现象，作者采用专家访谈和问卷调查相结合的方式，找出其产生的主要原因。

**2）博弈分析法**

在利益相关者间的利益不协调现象分析中，运用博弈分析方法，建立了不同利益相关者之间的博弈模型，进一步分析了他们之间利益不协调现象的根源以及解决这些现象的着手点。

**3）案例分析法**

本书以重庆磁器口历史街区更新改造中对建筑遗产的保护为例，验证了本书所构建的利益协调机制的科学性和合理性。

### 1.3.3 技术路线

本书的技术路线分析图如图1.1所示。

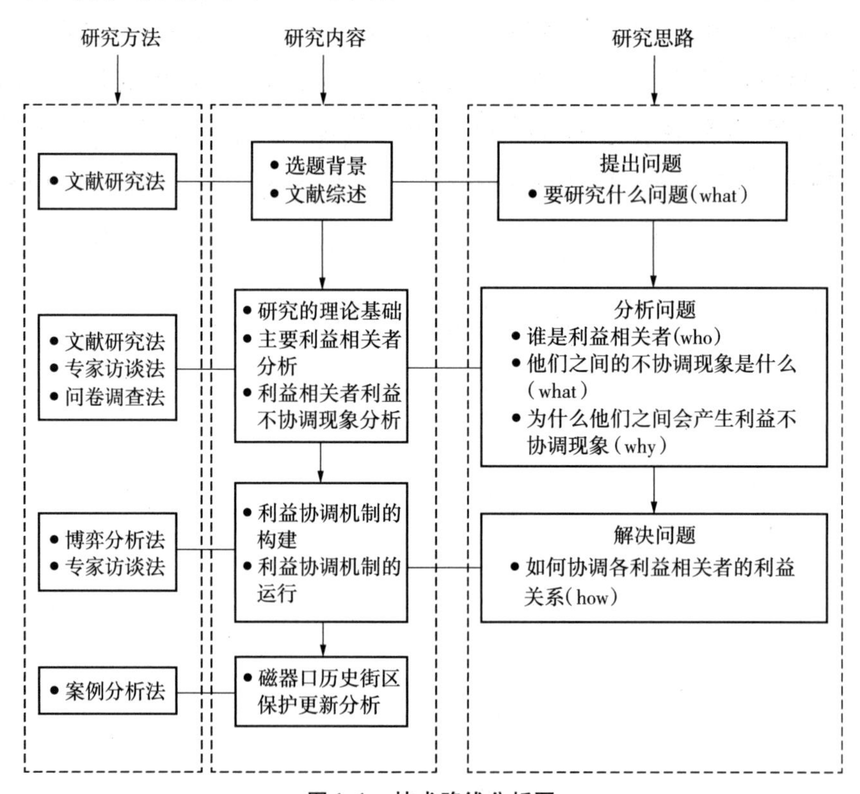


**图1.1　技术路线分析图**

## 1.4 本书创新之处

### 1)对建筑遗产保护涉及的利益相关者之间利益不协调现象的分析

本书突破了现有文献中只是找出建筑遗产保护方面存在问题的做法,通过配对样本 T 检验,找出了保护建筑遗产涉及的最主要的 3 个利益相关者,并揭示了他们之间的利益不协调现象产生的本质原因。

### 2)多主体共同管治利益协调机制的构建

本书首次将协调理论应用于建筑遗产保护中多个利益相关者之间的利益协调机制研究,提出了多主体共同管治的利益协调机制,建立了“三角闭环互动”的利益协调推进机制,该利益协调机制的应用可以让建筑遗产得到有效保护。

### 3)刚柔并济的协调机制保障措施的提出

现有文献对建筑遗产保护存在的问题及解决方法的提出都比较片面,不够全面和具体。为了使本书所构建的利益协调机制能够良好地运行,本书提出了刚柔并济的利益协调保障措施,并深入详细地对这些保障措施进行了描述,尤其是在柔性保障措施中关于伦理道德、思想、文化共识方面的措施的提出,是以往研究者所没有提及的。这种刚柔并济的协调机制保障措施的提出,为有效协调各利益相关者之间的利益关系提供了比较全面、系统、合理的保障。

# 文献综述

## 2.1 国外相关文献研究

### 2.1.1 国外关于利益相关者的研究

利益相关者问题是当前西方经济学界和管理学界研究的热点。自1963年利益相关者理论概念的首次提出至今,众多学者对利益相关者进行了研究。在过去的几十年里,以Freeman等为代表的国外不同学者都尝试将利益相关者理论应用于不同领域。如2002年Grimsey和Lewis探讨了利益相关者理论在基础设施建设方面公私合作的风险分析[1]。2004年,Hart和Sharma在前人研究的基础上提出边缘利益相关者对组织战略的影响不容忽视,组织的健康发展必须关注边缘利益相关者对组织竞争的作用的研究[2]。2006年HwanSuk和Ercan探讨了利益相关者理论在社区旅游管理方面的应用[3]。2013年,Dian和Abdullah基于利益相关者理论对马来西亚遗产地保护的公众参与进行了研究[4]。2013年,Omar等人从利益相关者的视角对乔治城的建筑遗产进行了研究。文章通过对196名居住在乔治城和在乔治城中心做生意的居民的调查发现,多数被调查者能够意识到保护遗产的重要性,有一半的调查者认为旅游会对遗产的保护构成威胁[5]。2015年,Hung研究了严格的政治体制下社会非营利性组织(Non-government Organization,NGO)对建筑遗产的管治。研究表明,社会非营利性组织是遗产保护最积极的倡导者和支持者。这一研究为作者在本书中提出的建筑遗产保护措施提供了思想基础[6]。2016年,Herazo和Lizarralde对建筑工程利益相关者在建筑的可持续性方面采用的方法进行了研究,该研究对工程前期阶段进行了广泛的利益相关者分析[7]。国外对利益相关者的研究主要集中在利益相关者的分类、利益相关者的定义、企业社会责任、公司治理、旅游方面、实证检验、企业绩效的研究等方面。本书只对与本书关系比较密切的旅游和企业社会责任方面的研究进行综述。

### 1)在企业社会责任方面关于利益相关者的研究

企业应当承担社会责任的问题于20世纪70年代得到了全球性的关注,人们意识到企业不仅要承担经济责任,还要承担环境保护、道德和慈善等方面的社会责任。这一思想和利益相关者理论的要求不谋而合,即企业在进行获利活动的同时,还要关注社会公众、社区、自然环境等其他利益相关者的利益。

1984年,Freeman率先运用利益相关者理论回答了企业经营活动承担社会责任的对象问题,为企业社会责任的实施提供了一个新的分析平台[8]。1988年,Evan等人认为可以把利益相关者理论看作研究企业社会责任的一个重要条件,因为它可以把企业承担社会责任的对象具体化[9]。2000年,Szwajkowski也同意利益相关者理论是用来评价企业社会绩效最为合理的理论框架,企业社会绩效需要与利益相关者结合[10]。2001年,Ruf等人提出,利益相关者理论可以为企业社会绩效与企业经济绩效之间关系的研究提供一个框架。他研究了在这一框架内企业社会绩效与用会计方法来计算的企业经济绩效之间变化的关系[11]。以上文献的着眼点都是企业自身的绩效,没有更多地涉及利益相关者之间关系的协调。除了理论上的研究外,不少学者也通过对各个利益相关者集团的分类,从实证研究的角度探究了企业社会责任与公司绩效之间的关系。2008年Garrett研究了公共事务中土木工程师的责任[12]。

通过以上分析可以看出,研究者们并没有从社会伦理道德的角度对企业所应承担的社会责任进行研究,而是把研究重点放在了企业自身的绩效上。然而,从伦理道德的角度进行研究恰恰是让企业能够自动自发地承担社会责任的重要推动因素。

### 2)旅游方面利益相关者的研究

20世纪80年代中后期,在国外一些旅游文献中开始出现“利益相关者”这一词汇。90年代中后期,这一理论开始引起旅游学者深入的研究和思考。国外对旅游利益相关者理论的研究集中体现在以下3个方面:

(1)对旅游利益相关者的界定

2005年,Aas等人检验了利益相关者在旅游发展和遗产保护方面的合作[13]。2011年,Arnaboldi和Spiller对文化旅游区利益相关者的合作进行了研究,发现不同的利益群体对规划和管理都有不同的意见或建议,而且这些意见或建议都富有建设性意义[14]。以往这些研究并没有对旅游所涉及的重要利益相关者进行识别。实际上,不同的利益相关者对于旅游的重要程度不一样,贡献也不同,因此,有必要对他们的重要性进行识别。

(2)探讨解决利益相关者之间的冲突与协作的对策和管理措施

国外研究者们借鉴社会学和管理学中的组织理论、沟通理论以及协作理论等,对解决利益相关者的冲突与协作问题的对策与途径进行了探讨。2002 年，Robert 从政策比较的视角探讨了欧洲建筑遗产的保护，认为协作蕴含了不同组织之间的复杂关系和必要性态势，这一理念已经开始初步具有了和谐管理的基本思想[15]。2005 年，Aas 等人将协作的组织间关系理论应用于社区旅游规划中，提出了促进旅游地利益相关群体协作的六项建议[16]。2011 年，Jopela 和 Pereira 以南非的遗产管理为例，探讨了权力关系对社区旅游规划的影响，并分析了区域旅游协作中利益相关者的参与问题，提出了旅游发展中合作关系进程的分析框架[17]。这些文献为后面的研究提供了思路，但是作者们并未对利益相关群体之间冲突产生的根源进行剖析，对利益相关者协作（合作）中产生的冲突并没有提出相应的解决措施或建议。2016 年，Giannakopoulou 和 Kaliampakos 探讨了当地居民和旅游者对建筑遗产保护的态度，他们运用 2 种随机的评估调查对从保护山区传统的建筑方面获得的社会利益进行了评估，通过调查和分析来检验当地居民和旅游者对保护建筑遗产的态度。研究结果表明，当地居民和旅游者都认为保护遗产对旅游发展有利，当地居民似乎更能意识到建筑衰败的真实状况，并愿意拿出更多的资金来保护遗产。通过调查发现，旅游者在旅游地停留的时间越长，越愿意为保护遗产做出贡献。这一研究表明了当地居民和旅游者在保护遗产方面有合作的可能[18]。虽然通过研究得出了旅游者和当地居民为了保护遗产方面合作的可能，但并没有就如何合作保护遗产提出合理的措施，而且也只是分析了两种利益相关者，对于其他利益相关者，如当地政府没有进行分析。在当地旅游方面，地方政府也应该是一个非常重要的利益相关者。2017 年，Acierno 等人在前人研究的基础上，建立了基于利益相关者利益管理的建筑遗产知识模型，模型确定了 4 个主要的知识领域（人工制品—生命周期—建筑遗产调查过程—执行者），模型的多功能性为不同的调查结果提供了合适的表达，并在几何和非几何信息之间提供了有效的集成，作者提出利益相关者之间的相互理解、协作，认为利益相关者对旅游开发价值的取向的异同决定着利益相关者之间的冲突与合作[19]。这一模型的建立，为利益相关者之间的合作打下了知识基础，但针对利益相关者的价值取向不一致而导致的冲突，作者并没有提出具体的解决策略。2017 年，Guzmán 等人对文化遗产管理和城市可持续发展方面的联系进行了评估，他列举了各利益相关者以及他们之间相互冲突的利益要求，并建议“根据不同利益主体的诉求变化，评估和调整利益相关者的规划、政策和协调机制”[20]。虽然这一协调机制的提出对文化遗产的管理能起到应有的作用，但是在协调机制的构建和运行方面，作者并没有给出具体的措施，也没有涉及对利益相关者之间的利益冲突的分析。

国外对利益相关者的研究取得了一定的成就，大大深化了人们对利益相关者及其理论的认识，这些认识为后续研究提供了重要的思路，但是国外的这些研究更多的是一种方针性的思维，并没有针对特定利益相关者提出具体的、能够指导实践的解决利益冲突的机制和实际方法，同时由于国情差异，有些方法也不适合我国。

### 2.1.2 国外关于建筑遗产保护的研究

国外对建筑遗产保护的成就大家有目共睹，尤其是欧洲各国。《古迹保护议案》《雅典宪章》《威尼斯宪章》的通过和制定,赋予了建筑遗产更为广泛的含义。另外,欧洲一些学者提出的《国际文物建筑保护的宪章及理念》《意大利比萨斜塔的保护》和《意大利庞贝城的展示设计》等理念和思想也为我国的建筑遗产保护提供了借鉴和指引,为本书的形成提供了理论指导。在国外,尤其是发达国家,建筑遗产保护的法律法规非常完善,这些完善的法律法规使得更多的建筑遗产被保护了下来。

从保护实践上来看,国外关于建筑遗产保护的范围和内容在不断扩大,不管是什么类型的建筑,只要有保护价值,就都被纳入了保护的范围。不仅保护建筑本身,还保护建筑所处的环境及建筑内的细小的对象,甚至整个城市的文脉都被保护了下来。在建筑遗产的保护过程中,参与面非常广泛,普通民众甚至整个社会都参与其中。

### 2.1.3 国外关于利益协调机制的研究

国外对协调机制的研究主要集中在企业产业链、供应链、企业内部管理及旅游领域等方面。2002 年,Pendlebury 分析了城市保护和更新中不同的利益相关者之间的利益冲突过程和角色的互补,强调了建立各方关系的利益协调机制的重要性[21],但是文章并没有建立相应的利益协调机制。2005 年,Li 和 Shi 在利益矛盾和冲突机制协调中提到了协调矛盾和冲突的方法[22]。同年,Aas 等人在文章中探讨了遗产保护中利益相关者之间的利益合作问题,并对如何协调他们的关系进行了简单的阐述[16]。2011 年,Zhao 对建筑遗产保护和经济利益的冲突进行了研究,指出建筑遗产保护和获取直接的经济利益之间存在一定的冲突,为了避免冲突,就要建立相应的协调机制[23],但限于篇幅,作者并未对协调机制进行过多的叙述。2013 年,Müller 设计了一个关于公共产品的私人供给和经济行为之间的最优的协调机制,该协调机制的建立为公共产品的私人供给提供了畅通的通道[24]。另外,2014 年 Mishra 等人研究了单一类型空间达到顶峰的多维机制设计[25]、2015 年 Chawla 等人针对贝叶斯定理的不可测性的力度进行的机制设计[26]、Hong 和 Lui 关于保险的机制设计[27]也为文章提供了关于"机制设计研究的是什么"的思路。遗憾的是,这些协调机制都与建筑遗产保护无关。

国外对利益协调机制和机制设计的研究比较广泛,研究角度也比较多样,但是绝大部分都与本书所探讨的建筑遗产保护利益协调机制相关性不大。国外文献中还未见到研究建筑遗产保护的各利益相关者之间的利益协调机制的文章。

## 2.2 国内相关文献研究

### 2.2.1 国内关于利益相关者的研究

国内学者关于利益相关者的研究始于 20 世纪 90 年代,具有代表性的学者是陈宏辉、刘利、杨瑞龙、李维安等。综观国内关于利益相关者的研究，2000 年以前处于研究的探索阶段，研究成果较少，而且多为转述西方利益相关者的研究。2000 年以后，特别是 2002 年后，国内对利益相关者的研究逐步走上正轨，不再转述西方的研究成果。通过对国内 2000 年 1 月至 2017 年 3 月的文献进行检索，对利益相关者研究的文献共有 3 365 篇，其中从 2002 年 1 月至 2017 年 3 月的文献有 3 346 篇，占到这些文献的 99% 以上，说明在 2000—2002 年的 3 年间，我国学者对利益相关者的研究成果很少，但 2002 年以后，出现了大量的关于利益相关者的研究。我国学者对利益相关者的研究主要涉及以下领域：在利益相关者的界定方面的研究[28-30]、在利益相关者分类方面的研究[31-33]、在旅游方面的研究、在公司治理方面的研究、在利益相关者管理方面的研究、在伦理管理方面的研究等诸多领域。本书只对与本书关系比较密切的几个方面进行综述。

### 1）旅游方面利益相关者的研究

理论研究方面，2007 年张文雅以利益相关者理论为基础，从旅游资源整合机制、行为约束机制、利益分配和补偿机制、共享机制 4 个方面构建利益相关者参与的区域合作机制[34]，并提出了合作的策略。2007 年，屈颖和赵秉琨在论述旅游伦理及其相关概念的基础上，分析了旅游市场中利益相关者对旅游伦理的影响，提出了应从自律性和他律性两方面加强旅游伦理的建设[35]。2010 年，胡北明和王挺之在引入利益相关者理论的基础上，分析了我国遗产旅游地的利益相关者的主要利益诉求，并重点提出了利益相关者确定的方法[36]。2011 年，杨花英分析了旅游产业核心利益相关者利益冲突的表现形式，之后提出了利益协调机制[37]。2012 年，赵彤从利益相关者的角度论述了区域旅游合作中各利益相关主体间的利益冲突，对于各利益相关主体间的冲突根源进行了简要的研究和分析，提出了针对区域旅游合作方面的各地政府间的协调机制、政策规章协调机制、行业组织协调机制、企业间协调机制的制度性框架内容及所涉及协调路径所应遵循的具有约束力的法则[38]。方怀龙等人对林业自然保护区生态旅游利益相关者的利益矛盾起因及对策进行了研究[39]。2014 年，方勇刚和黄蔚艳分析了乡村旅游与其主要利益相关者的利益冲突，透析了利益冲突的原因，提出了协调冲突的途径以及具体方法[40]。2015 年，剧琳彬和刘树军对边界共生型体育旅游景区发展中利益相关者的冲突进行了研究，提出了解决冲突的合理方案[41]，方案能够从一定程度上缓解旅游景区的冲突。这些文献对利益相关者的冲突进行了较为深入的分析，并提出了解决冲突的措施或方法。

案例方面的研究也很多。2000 年初，很多学者对我国各地的利益冲突和矛盾进行了研究。如 2007 年张安民从博弈论的角度探讨了各利益相关者之间的博弈行为及博弈均衡[42]。韦复生结合利益主体理论和社区参与理论，探讨了旅游社区居民与利益相关者的博弈关系，分析了多方利益主体间的冲突类型和引发冲突的因素，提出了冲突的解决范式和实施步骤[43]。2011 年，刘春莲和李茂林通过分析西江千户苗寨各利益相关者间的博弈关系、利益诉求及利益冲突，总结出了协调西江千户苗寨各利益相关者利益关系的方法[44]。这些方法的提出,可以在一定程度上解决西江千户苗寨的利益相关者间的冲突。纪金雄以武夷山下梅古村落旅游利益相关者之间为研究对象,引入生态位理论,提出旅游利益相关者生态位的概念,并在对下梅古村落各利益相关者生态位现状实证分析的基础上,对其生态位进行分离优化,营造出一种“生态位差异化”的优势,以此缓解下梅古村落旅游利益相关者之间的利益矛盾,并从利益表达、利益分配、利益补偿和利益保障4个方面构建了下梅古村落旅游核心利益相关者的共生机制[45]。在国内的很多文献中都可以看到这些机制的提出,但是这些机制如何实施和落地,作者并没有详细说明。2013年,唐杰锋重点研究了湘西村寨旅游利益相关者的行为,并对各利益相关主体者之间的利益冲突及关系协调机制进行了初步的探讨[46]。任耘从利益相关者理论的视角,以四川理县桃坪羌寨为例,构建了民族村寨旅游开发中的利益相关者图谱,结合主要利益主体的利益诉求,认为应当平衡相关主体的利益关系,构建利益制衡和协调长效机制[47]。文中的利益相关者图谱给了作者一些启发,但是,在如何平衡利益和构建利益协调机制方面,作者并没有进一步论述。2014年,赵春雨等人以希拉穆仁草原为例,分析总结了各核心利益主体间的利益诉求及冲突矛盾关系,最后根据共生理论,提出了草原旅游共生单元的利益共享机制、共生环境的联动配合机制、共生界面多样化发展机制以及一体化共生模式的控制与保持机制[48]。孙建平等人分析了九寨沟核心利益相关者的利益共同点和关注点,构建了九寨沟核心利益相关者和谐共生机制模式[49]。2016年,黄洁等人对青木川古镇旅游开发中利益相关者利益冲突及其成因进行了详尽的分析,针对旅游者、政府、开发商、当地居民等利益相关者的具体矛盾冲突,提出了协调利益的措施,为协调各个利益相关者之间的利益关系提供了理论支撑[50]。2016年,伍百军在分析利益相关者之间的冲突与矛盾的基础上,提出了兰寨古村落旅游开发以“政府主导、社区协作、企业参与和旅游者监督”四位一体的模式,为兰寨古村落旅游开发中利益相关者的协同共生提供了有益的思路[32],也为本书利益协调机制的构建提供了一些借鉴。2016年,谢春山和于霞对文化旅游的利益相关者及其诉求进行了研究,对界定出的利益相关者的诉求进行了阐述[33]。

从以上研究可以看出,国内关于利益相关者在旅游方面的研究所涉及的领域十分广泛,包括旅游利益相关者的界定与分类、旅游可持续发展、旅游利益相关者间的冲突及协调、利益相关者之间的利益分配、旅游合作等层次和内容,目前的研究在共同治理方面缺乏实践经验,离实际应用还有一段距离。国内文献的研究方法主要以定性分析、理论判断和规范研究为主,定量研究和实证研究较少。

### 2)在利益相关者管理方面的研究

经检索发现,目前国内关于利益相关者管理方面的研究较多。其中2005年,吕亚洁和王晓立认为企业要从企业利益相关者之间的冲突与协调入手来进行利益相关者管理[51],但是在企业应该采取什么样的措施来协调冲突方面,作者没有进行论述。2006年,胡海燕从利益相关者理论出发,构建了布达拉宫利益相关者管理的理想模式。针对不同的利益相关者,作者提出了具体管理内容和评价指标[52]。2007 年,郭华探讨了乡村旅游社区利益相关者的多重利益博弈过程,提出了"协调利益、保障权利"的总原则,并指出以"政府主导、居民赋权、市场参与、多方协作"为特点的多中心治理模式是现阶段适合乡村旅游社区的理想治理模式[53]。2011 年,赵英梅对考古旅游景区开发过程中遇到的利益相关方之间的冲突进行了分类,提出了冲突管理策略,探讨了如何在实践中对考古旅游景区进行有效的利益相关方冲突管理,以期对我国考古旅游景区的可持续发展提供理论借鉴和帮助[54]。2012 年,朱莲具体分析了九华山风景区每类利益主体诉求的差异和制衡力的失衡问题,依据利益相关者管理的基本原则,提出了基于分权的利益相关者管理对策[55]。2013 年,张琨、李娇从利益相关者理论入手,分析了利益相关者管理的必要性和当前我国利益相关者管理发展现状,最后对我国利益相关者管理发展提出几点政策建议[56]。2014 年,张静从会展企业利益相关者管理的角度切入,分析了影响会展企业竞争力的关键相关者,并针对不同类型的利益相关者提出了相应的管理策略,即"与各利益相关者尤其是关键相关者建立共生共赢的关系"[57]。2015 年,王燕从伦理学的视角审视和分析利益相关者管理理论,得出了基于利益相关者理论的企业社会责任是包括经济责任、法律责任、道德责任在内的具有层次性的一种综合责任。从理论上理顺企业为什么要承担社会责任,在什么程度上承担社会责任,使企业承担社会责任得到合理的论证[58]。2015 年,罗伟亮等人认为利益相关者管理不但需要考察不同利益主体的行为作用方式和程度以及其对管理目标的影响,而且需要考虑利益相关者的客观运行环境对其行为的影响[59]。2016 年,陈卫东和张紫禾通过分类研究利益相关者与微电网企业之间的关系类型和关系管理策略,厘清了微电网市场的运行模式,绘制出微电网企业利益相关者之间的关系图,为微电网企业在电力市场中的稳定发展提供了应用参考[60]。

### 3)企业伦理方面关于利益相关者的研究

我国关于利益相关者理论在企业伦理关系的典型研究有:2003 年,陈宏辉在其研究中引入了伦理管理[61]。2005 年,陈宏辉和贾生华剖析了企业中各种利益相关者利益冲突的特点,进而将公司治理的本质理解为企业利益相关者之间利益冲突的协调机制,并阐明公司治理安排的有效性取决于它是否能够动态地满足多维度的平衡要求[62]。2007 年,邓丽娜和王韬认为企业要加强基于利益相关者的伦理管理,以德治企[63]。2008 年,夏恩君等人从管理科学的角度提出了基于利益相关者的企业伦理决策模型构建思路,并对所构建的模型进行了实例分析[64]。2011 年,夏绪梅从利益相关者视角出发,运用探索性因子分析和验证性因子分析构筑了包括 35 个测量项目的 8 因子评价体系作为企业伦理经营状况测评工具,对企业伦理评价进行了研究,证明该体系具有良好的信度和效度[65]。2012 年,任明哲基于餐饮企业利益相关者的研究,探讨了餐饮企业的商业伦理,就餐饮企业如何面对商业伦理的挑战提出了自己的见解[66]。2013 年,潘奇对哈贝马斯对话伦理及其企业应用进行了探讨,重新定位和探索了企业与利益相关者的关系,并构建了对话实现框架[67],为企业经营实践提供了新参照,为进一步反思当前企业社会责任的若干问题提供了深刻的警醒。2014 年,黄孟芳和张再林对经济伦理企业主体性认知进行了介绍,建构了以企业社会责任为核心的经济伦理[68],这对构建中国特色经济伦理具有一定的指导意义和借鉴价值。曾晖通过对工程利益相关者的分析及对其中关系的阐述,研究分析了工程项目建设施工过程中利益相关者的权益和应尽的伦理责任[69],该研究对促进我国工程项目利益相关者方面的研究,提高工程项目的施工管理水平,确保工程项目最大社会效益和经济效益的发挥起到一定作用。2015 年,姜雨峰和田虹探讨了组织伦理文化的中介作用和利益相关者压力与权力距离的调节效应[70]。本书的研究清晰地阐述了伦理领导对企业社会责任影响的作用机制,明确了伦理和文化对企业承担社会责任的重要意义,为政府制定政策和监管企业履行社会责任提供了帮助,激励企业主动承担社会责任。2016 年,陈仕伟为了实现数据共享的健康运行和促进大数据时代的顺利发展,提出有必要进行伦理治理,他首先对大数据利益相关者的利益矛盾及其表现进行了分析,然后提出了伦理治理的原则[71]。潘楚林和田虹基于利益相关者等理论,探讨了利益相关者压力对企业环境伦理的影响,建立了中介和调节模型[72],其探究结论丰富了领导力理论,扩展了对企业环境伦理的研究,为企业有效实施可持续发展提供了理论参考和管理启示。

在国内,利益相关者理论除了在以上方面有所研究,还有一些研究是关于以下内容的:①利益相关者间的关系;②职业经理人;③未来研究方向;④利益要求及实现方式;⑤利益相关者排序;⑥价值链;⑦利益相关者利益分配;⑧公司治理;⑨实证检验;⑩企业绩效等。鉴于本书的研究主题与以上研究内容密切性不大,因此不再对其做详细论述。

总而言之,国内的研究成果大部分是规范性研究和描述性研究,实证研究和运用研究成果很少,现有的运用研究成果大都缺乏可操作性。由于实证研究在很大程度上决定了一个理论的被接受度,因此,我国学者应加强利益相关者实证方面和可操作性运用方面的研究,提高研究的质量。

### 2.2.2 国内关于建筑遗产保护的研究

中央对建筑遗产保护的问题历来就十分重视。周恩来总理曾指示:解放军作战时要注意保护全国各地的重要文物古迹。新中国成立初期,建筑遗产保护领域的发展持续进行。1950 年,梁思成、陈占祥提出了著名的“梁陈方案”,在这个方案中,他们提倡整体保护,反对大规模拆迁。“文化大革命”的到来使得所有建筑遗产保护条例全面废止。“文化大革命”结束后,文物以及建筑遗产的保护工作也开始逐步恢复。综观国内关于建筑遗产保护研究的文献,主要集中在关于建筑遗产保护公众参与的研究、关于遗产保护利益相关者的研究、关于保护的法律法规及制度方面的研究(如程晓燕的《文物古迹保护法律制度研究》、袁芳的《历史文化名城保护与开发的中外法律制度比较研究》等)、关于保护方式和方法的研究(如单霁翔的《乡土建筑遗产保护理念与方法研究》、王景慧的《从文物保护单位到历史建筑——文物古迹保护方法的深化》等)、关于保护的周边环境和规划设计的研究(如阮仪三 2003—2012 年间的一些研究、饶皓璞的《基于世界自然遗产保护的江郎山景区规划调整与建筑设计研究》等)、关于文物建筑的价值评估的研究(如何鹏和陈昊的《不可移动文物的价值评估与立法保护》、杨晓婷的《战争遗迹价值评估与合理利用研究》等)等几方面,鉴于本书的研究,只对相关性较大的两方面综述如下。

### 1)关于遗产保护公众参与的研究

国内关于建筑遗产保护公众参与的文献研究主要表现在以下几个方面:

(1)建筑遗产保护公众参与综述研究

如2014年,佘海超对近十年来我国有关城市遗产保护中公众参与的研究进行了回顾。他所分析的66篇文献分别是从以下3个角度开展的研究:遗产保护原则和方法角度,城市遗产保护和再利用实践角度以及城市社会、管理学和经济学角度[73]。这些研究和探索虽已取得了许多有价值的结论,但基于可持续角度的建筑遗产保护的公众参与研究还未提及。

(2)公众参与领域、参与方式的研究

如2007年,刘婧对公众参与的起源及其在历史文化遗产保护中的发展进行了研究,通过对西方民主发展脉络的梳理,揭示了公众参与的理论基础和时代背景,以及其在历史文化遗产保护中的发展[74]。刘婧还在她的硕士学位论文中分析了国内外公众参与遗产保护的发展历程和现状,并分析了两者之间的差异及产生的原因,从实施对策和制度保障两个方面论述了我国公众参与遗产保护的建设,探讨了公众参与遗产保护的政策和保障机制[75]。2016年,齐晓瑾和张弓对文化遗产保护规划编制过程中的公众参与进行了研究,首先介绍了文化遗产保护领域的公众参与理论背景,文化遗产保护规划编制中公众参与的制度设计与现状问题,随后提出了文化遗产保护规划中的公众参与方式的优化建议[76],认为增进对公众参与新方式的理解和回应,认识公众参与在遗产保护中的重要性,对增强文化遗产保护要素的确定及保护措施制定的合理性与可接受度、促进文化遗产保护事业具有重要的意义。

(3)公众参与机制研究

如2012年,刘敏对天津建筑遗产保护公众参与机制进行了研究,尤其重点研究了企业参与建筑遗产保护的可行性[77]。2016年,龚亚西和高颖玉对苏州城市遗产保护中的公众参与机制进行了研究,通过借鉴北京、天津等城市遗产保护的经验,分析了政府、企业、组织、个人等在城市遗产保护中所扮演的角色,为苏州城市遗产保护公众参与工作的顺利开展提供了一种新思路[78]。2016年,郑钦方等人对台湾建筑遗产防灾中的公众消防演习进行了研究,着重介绍了如何以"文化价值优先"的整体性原则,拟订古迹历史建筑防救灾标准流程,探讨了鼓励民众参与的整合机制,初步建立起作为制度文化的文化资产的防灾体制[79]。

(4)公众参与的困境、路径及实证研究

如2009年,王华和梁明珠以香港保留皇后码头事件为例,对公众参与公共性遗产资源保护的影响因素进行了分析,通过多元线性回归模型分析了公众参与公共性遗产资源保护的影响因素，并就中国内地公众参与公共性遗产资源保护提出了相关建议[80]。2013年，张金玲和施丽辉以抗倭遗址蒲壮所城为例，对公众参与文化遗产的保护和开发进行了实证研究，针对我国公众参与遗产保护和开发的力量弱、途径少的现状，提出了在文化遗产保护中应发挥当地志愿者和文化精英社团、高校师生志愿者团体、遗产保护专家咨询委员会、文化遗产保护民营资本等的力量和作用的建议[81]。2014年，杨颉慧对社会公众参与文化遗产保护的困境及路径进行了研究，面对我国文化遗产保护"政府主导、社会参与"的困境，提出了社会公众参与文化遗产保护的实施路径[82]。

(5)关于国外公众参与的研究

如2011年，朱练平等人对国外公众参与的成功经验和公众参与的作用进行了研究，总结了公众参与文化遗产保护的成功经验[83]。2011年，汪丽君等人从冲突、多样性与公众参与的视角对美国建筑历史的遗产保护历程进行了研究，对美国建筑历史遗产保护运动充满矛盾冲突与多样性的发展轨迹进行了梳理，分析了公众参与在其中所起的重要作用，并探讨了目前美国社会广泛认同的建筑历史遗产保护观念[84]。2012年，张国超介绍了美国公众参与文化遗产保护的经验，建议我国可以从提高参与内驱力、加大法律制度供给、降低参与成本、拓展参与渠道等方面构建对策[85]。2013年，张国超研究了意大利公众参与文化遗产保护的经验与启示，提出我国的遗产管理应在加强文化遗产社会教育、完善公众参与遗产保护法律制度、疏通公众参与遗产保护渠道等3个方面加强建设[86]。2014年，黄松指出墨尔本的城市遗产保护重在公众参与，介绍了墨尔本城市遗产保护的原则与体系，公众参与的基础与途径，注册制管理模式，为我国的城市遗产保护提供了重要的借鉴思路[87]。2016年，刘春凯研究了英国文化遗产保护的公众参与借鉴，对英国文化遗产保护公众参与的现状、公众参与体系的架构、文化遗产保护中公众参与体系的特点等进行了分析，得出了我国文化遗产保护的借鉴方向，为我国城镇化进程中尽可能规避发展风险，真正走向健康、高效的发展道路提出了借鉴思路[88]。

### 2)关于遗产保护利益相关者的研究

国内在遗产保护利益相关者的研究方面，关于实证的研究居多。如2012年，王纯阳等人在文献研究和专家调查的基础上，界定了村落遗产地利益相关者，对村落遗产地利益相关者的分类及利益诉求进行了实证研究，探讨了村落遗产地利益相关者的利益诉求及其实现方式[89-90]。2014年，贾丽奇和邬东璠基于天坛利益相关者的意愿与诉求，对公众"实质性"参与天坛遗产保护的问题进行了思考，通过对调查问卷的整理和分析，探讨了公众"实质性"参与天坛遗产保护的关键问题和可能的建议，为天坛外坛环境整治的正式规划引入公众参与机制提供了建议和参考[91]。

在现有文献中，还有对利益相关者管理模式的研究。如2006年胡海燕以布达拉宫为例，对世界文化遗产利益相关者管理的理想模式进行了研究。文章从利益相关者理论出发，构建了布达拉宫利益相关者管理的理想模式，针对不同的利益相关者，提出了具体管理内容和评价指标[52]。2011 年,倪斌从经济学的角度对建筑遗产利益相关者的行为进行了分析,他从产权完备程度对建筑遗产利益相关者进行了分类,并通过对政府保护、非政府组织以及企业在建筑遗产保护过程中行为的分析得出结论:各建筑遗产利益相关者保护立足点不同,与建筑遗产关联度越高的利益相关者越关注建筑遗产的使用价值以及经济利益分配,与建筑遗产关联度越低的利益相关者则更为关注遗产的非使用价值[92]。2011 年,陈辰以南京市佛教遗产为例,基于利益相关者理论对佛教遗产旅游开发进行了探讨,分析了佛教遗产旅游的利益相关者,指出核心利益相关者在旅游开发中的利益冲突是造成种种开发问题的重要原因,最后据此提出了佛教遗产旅游开发的利益协调对策[93]。2013 年,石应平等人基于利益相关者理论对古城拉萨的城市遗产进行了调查研究,对我国近年来城市遗产研究的新观点进行了梳理,并对古城拉萨城市遗产的类型进行了评价,提出了对古城拉萨城市遗产保护与利用的思考[94]。

以上国内现有文献对建筑遗产保护的研究为本书提供了重要的思路。虽然绝大部分文献都是基于利益相关者理论进行的研究,但是没有从根源上提出协调各利益相关者之间利益关系的具体措施和方法。

### 2.2.3 国内关于利益协调机制的研究

经过对现有文献的检索,目前尚未发现国内学者关于对建筑遗产利益协调机制的研究。因此,作者扩大了检索词,改为"遗产+利益协调机制",共检索出 3 篇文献,分别是:2015 年施大尉等人以江苏兴化垛田为例,对遗产地旅游开发中主体间利益协调机制进行的研究,文章以兴化垛田为例,梳理了兴化地区在遗产地旅游开发中传统旅游分配方式的不足之处,并明确了利益主体间的责任划分,探讨了在新形势下遗产地旅游开发中主体间利益协调机制的建立[95]。2015 年陈炜等人以广西桂平西山为例,对汉传佛教文化遗产旅游地利益相关者的协调机制进行了研究,文章运用利益相关者理论,剖析了各利益主体的利益诉求及相互间的矛盾冲突,并据此提出了利益协调机制[96]。2015 年鹿奇对西湖遗产地利益相关者的利益协调机制进行了研究,文章以西湖遗产地为调研对象,首先对利益相关者、文化遗产旅游及利益协调机制等相关概念进行了界定,然后对西湖遗产地的利益相关者及其分类、核心利益相关者的利益诉求进行了实证调查,最后提出了西湖遗产地可持续发展的利益协调机制,主要包括树立相同的价值理念,形成明确的角色定位,建立协作与融合机制,建立沟通机制,建立监控机制等[97]。

以上文献为本书的研究提供了重要的思路,但是由于本书探讨的是建筑遗产保护利益协调机制,和旅游地协调机制的建立还有一定的差异。除了以上文献,以下几篇文章也给本书的研究提供了参考。如 2006 年吴可人对城市规划中四类利益主体进行了剖析,并对利益协调机制进行了研究[98]。2008 年,徐虹等人针对体育旅游开发过程中出现的一些问题,如利益协调机制不健全、受益不均、开发主体不明晰、产品深度不够等进行了探讨,借助于共生理论对我国体育旅游的开发及利益协调机制进行了初步探析[99]。2010 年,纪金雄运用共生理论，对下梅古村落旅游核心利益相关者的共生关系和共生性发展问题进行了研究[100]。2011 年，杨花英等人立足于湘西州旅游产业开发的实际，对旅游产业利益主体的利益分配现状进行了分析，并探讨了存在的问题，在此基础上指出要建立旅游开发的利益协调机制和共享机制[37,101-102]，然而限于本书篇幅，在此不再具体分析利益共享机制和利益协调机制的分析显得不够透彻。2012 年，田晓华对乡村旅游开发的利益关系主体及其冲突进行了分析，建立了乡村旅游的利益协调机制[103]。2013 年，欧阳琳对民族地区旅游产业开发中利益相关者利益协调机制和模式的选择进行了研究，对具体研究个案中各个利益群体之间的利益分歧和表达利益诉求的基本手段等内容进行了全面而深入的探索，从制度创新层面引入"第三方"管理思想，为处于不同社会地位的利益群体有序和有效的表达构建了必备的平台和载体[104]。2014 年，吕丽辉和鹿奇分析了龙门古镇旅游资源开发与保护的利益主体诉求及利益关系现状，构建了文化遗产旅游资源保护利益协调机制，对文化遗产旅游资源进行合理的保护，为其利用提供了思路[105]。2014 年，李楚彬和肖婷以广东沙湾与江西婺源为研究对象，分析了政府、旅游开发公司、当地村民与游客四大利益主体，通过沙湾古镇门票收费等事件反映出利益主体之间的冲突，探索了古村落旅游开发与利益分配的有效机制[106]。2015 年，郭小涛对西江千户苗寨的旅游发展中的利益矛盾冲突问题进行了梳理，并找出了产生冲突的几个主要原因，针对西江旅游社区冲突的情况和导致冲突的主要问题，对西江千户苗寨旅游利益协调机制的建立与完善提出了建议[107]。2015 年，汪子茗对历史文化名镇保护的利益协调机制进行了研究，文章首先识别出历史文化名镇保护与发展涉及的核心利益相关者，然后通过理论总结与社会调查的方法对这四类利益相关者的利益诉求及重要程度进行归纳。文章就政府、规划师、开发商和居民四类核心利益相关者分别提出了相应的协调机制调整策略，给相关的研究及实践提供了一定的借鉴[108]。遗憾的是，文章只论述了核心型利益相关者两两之间的博弈行为，而没有对较为复杂的三角博弈关系进行分析和总结，只注重了历史回顾与描述以及逻辑推理等方式，缺乏定量分析，使得文章的研究主观性较强。2015 年，叶萍对我国城市房屋拆迁中的利益协调机制的研究也为本书提供了一些思路，尤其是拆迁利益协调保障机制的提出，给了作者一定的启发[109]。

通过以上分析可以看出，国内很多学者以不同的研究对象对旅游利益协调机制进行了针对性的分析，并提出了利益协调机制。但是利益协调机制的提出都比较相似，大多包括利益协调机制、利益补偿机制、利益分配机制等，并没有针对利益相关者之间的利益冲突或不协调问题提出操作性较强的利益协调机制，以上文献多以定性分析为主，缺乏相关的数据支撑。

## 2.3 本章小结

本章分别对国内外利益相关者的研究、建筑遗产保护的研究以及利益协调机制的研究进行了分析。通过检索发现，国内外关于利益相关者利益协调机制的研究比较缺乏，目前国内专家学者对建筑遗产保护和利益相关者的研究虽然比较多,但将两者结合起来进行研究的成果较少,关于建筑遗产保护中利益相关者利益协调机制的研究更是寥寥无几。然而,在当前新型城镇化背景下,建筑遗产保护所涉及的利益相关者之间的不协调现象相当突出,因此对利益相关者之间的协调机制进行研究显得尤为必要和迫切。

# 3

# 研究理论基础

## 3.1 相关概念

### 3.1.1 建筑遗产

“建筑遗产”是由“遗产”一词演变而来的，是指“留给后代的财产”[110]。经过一个世纪的发展演变，遗产的概念已由文物建筑扩展到城镇和乡村等整体历史环境[111]。在《国际宪章》《建筑遗产欧洲宪章》中都有关于建筑遗产概念的界定。本书使用“建筑遗产”一词，是为了和国际文化遗产保护的称呼一致。

本书所指的建筑遗产既包括《中华人民共和国文物保护法》(以下简称《文物保护法》)中所规定的“文物建筑”，也包括地方法规所规定的那些“优秀历史建筑”或者“历史风貌建筑”，还包括以上两大类之外的、具有一定价值的其他建筑遗产，具体是指具有一定综合价值、介于新生和失传之间的、在城市更新改造中介于“拆”或“保”的边缘的建筑遗产，它们随着时间的流逝而趋于消亡。这些位于城市中的建筑遗产是历史的见证物，是城市肌理和历史环境构成中不可或缺的重要因素。这些建筑遗产本应按照国家相关的法律和地方法规进行保护，但是在城镇化过程中，却不同程度地遭受到或正在遭受破坏或毁灭。

### 3.1.2 利益

论及利益，古今中外的许多学者都从不同的角度对利益做过不同的表述，如西方功利主义的利益观、中国古代义利学说的利益观和马克思主义的利益观等。马克思主义的利益观是迄今为止最正确、最全面的利益观。根据马克思主义的利益观，利益就是在一定的社会生产条件下，各主体通过社会实践活动形成或满足自己对对象的一种需要。它包含以下 3 个方面的含义:第一,利益的产生动力和表现形态是利益主体的需要,一定的需要形成一定的利益。第二,利益是社会关系的催生者和表现者,利益的形成必然与一定的社会关系相联系。第三,利益是利益主体的主体性产物和表现,利益主体的欲求是利益形成的主观因素[112]。利益关系是社会最基本、最普遍、最重要的关系,在许多情况下,一方对利益的追求往往会影响他方对该利益的获得,彼此之间就会产生矛盾[113]。

### 3.1.3 利益协调机制

"机制"最初是一个自然科学的概念,20 世纪初被引入社会科学领域,用以表示政府的各职能部门在运转中的相互关系及调节方式。机制实质上是一种规则,根据博弈论思想,可以将规则转化为一种流动性约束[98]。关于利益协调机制的概念,不同学者的解释不同。陈敏昭和晋一认为利益协调机制是指在社会系统变化中协调不同利益主体之间相互关系的组织、制度和发挥其功能的作用方式[114]。张菊梅和吴克昌认为利益协调是通过竞争、合作、妥协、调节等方式将各利益主体的利益诉求理性地保持在一定限度,利益协调机制是为了实现利益协调,以公正、公平为基本价值理念建立的一套政策、组织及制度体系[115]。鹿奇将利益协调机制定义成为了建立利益相关者之间的合作关系,实现其更好的发展,对利益相关者之间关系处理所采取的策略和方式,利益协调机制就是对各个利益主体之间相互作用的行为作出调整的规则的总和[97]。

根据以上学者对机制及利益协调机制的界定,结合我国建筑遗产保护的实践,作者将"机制"定义为:为了使各利益相关者能够协作的一系列规则、策略和措施的组合。将"利益协调机制"定义为:为了建立各利益相关者之间合作共赢的利益协调关系所采取的引导、激励和约束各利益相关者行为的制度、体制上的措施和方式。

## 3.2 相关理论

### 3.2.1 利益相关者理论

利益相关者理论又称利益主体理论,它是一个跨学科的理论,汇集了管理学、经济学、社会学、伦理学等多学科的理论成果。利益相关者是从股东衍生出来的一个概念,其理论思想最早可以追溯到 20 世纪 30 年代,其萌芽始于多德。1929 年,美国通用电气公司的一名经理在一次演讲中首先提出了"公司应对公司利益相关者负责"的观点。

1963 年,斯坦福研究院首次提出利益相关者概念。随后得到管理学、伦理学、法学和社会学等众多学科的关注。1965 年,美国学者安索夫最早将该词引入管理学界和经济学界。20 世纪 60 年代中期以后,企业除了要在日益激烈的竞争中获取竞争优势以外,还必须面对越来越多的与利益相关者有关的问题,如企业伦理问题、承担社会责任问题、环境管理问题等。1977 年,宾夕法尼亚的沃顿学院首次开设"利益相关者管理"的课程,表明利益相关者理论开始被西方学术界重视。1984 年,美国经济学家弗里曼给出了利益相关者的定义,即"利益相关者是能够影响一个组织目标的实现,或者受到一个组织实现其目标过程影响的所有个体和群体"。这一定义被称为利益相关者最经典的定义,并被广泛接受和使用。与此前传统思想中的"股东至上"的思想相比,利益相关者理论不仅是追求某些个体的利益最大化,而且是追求企业整体利益的最大化[58]。1985 年斯蒂格利茨正式提出了利益相关者理论的概念。1993 年克拉克森在多伦多大学建立了克拉克森伦理研究中心,将利益相关者理论大量运用于实践,利益相关者伦理管理理论的应用和发展获得了极大进步。

经过弗里曼、布莱尔、多纳德逊、米切尔、克拉克森等学者的共同努力,利益相关者理论在 20 世纪 90 年代初期成为一门完备的理论体系,并在实际应用中取得了良好的效果。米切尔和伍德曾总结了从 1963 年有关利益相关者第一个概念至今的 27 种代表性概念表述,其中弗里曼与克拉克森的表述最具代表性[116]。

利益相关者理论是通过各种显性契约和隐性契约规范各利益相关者的责任和义务,所有利益相关者的利益都是同等重要的,没有一个相关者的利益可以高于其他利益相关者的利益,禁止任何不当的个体自身利益最大化是利益相关者管理最根本的职责[58]。对于利益相关者的利益管理需要通过相关政策的制定,鼓励各个利益相关者参与其中,使得不同的公共物品和公共服务能够根据各利益相关者的需求进行调配,从而使公共物品和公共服务的提供达到最优[61]。

利益相关者理论已成为城市管理中的一项重要工具,如在管理领域和城市基础设施管理领域得到了较大的发展。利益相关者理论的基本出发点是企业社会责任,伦理管理是其基本要求和思想精华。利益相关者理论关注社会道德,强调社会责任,可以有效阻止或减少城镇化过程中对建筑遗产大肆拆除和破坏的行为,使城市的发展更可持续。本书将以利益相关者理论为指导,首先识别出利益相关者,并对其利益要求进行分析,通过相关保障措施使保护建筑遗产所涉及的各利益相关者的利益关系得到协调。

### 3.2.2 协调理论

协调理论被广泛运用于管理学、系统学及社会学等诸多学科领域。协调,即联系、匀称,是指客观事物诸方面的配合和协调。协调指的是事物之间关系的理想状态和实现理想状态的过程,不仅各要素之间的关系和谐,而且在活动中能够减少冲突,共同发展。对立统一规律是协调论的坚定基础。协调本身包含差异、对立和矛盾,在没有对立、没有差异的物质内部,是谈不上协调的。所以协调必须以差异、对立为前提。所谓利益协调,就是在对行为主体利益分析的基础上,通盘考虑,兼顾各方,使多种利益追求和利益目标之间的矛盾得到协调,它强调的是各利益主体间利益的统一性,追求社会利益关系的均衡,但这种均衡只是一种相对状态的均衡。利益协调不可能完全消灭利益矛盾和冲突,而是使利益矛盾和冲突控制在一定范围内[40]。利益协调的内容包括多元化利益观念引导、利益获取行为的规范约束、与时俱进的利益调节、适度的利益补偿等[97]。

从本质上讲，利益协调并不是厚此薄彼，而是要互利共赢。随着时代的发展，人类社会应坚持共赢思维，从传统的“零和博弈”向共赢思维转变。如果每一个利益相关者都以互利、合作的参与方式代替单一的竞争方式，清晰地把握其利益边界和限度，就有可能建立起利益平衡关系，从而实现群体利益的“共赢”。利益协调理论提出的现实依据就是解决利益冲突的需要。作者对协调的理解也基于这几个方面。通过观念引导、法律法规及政策的约束、适度的奖罚措施等，使建筑遗产保护所涉及的各利益相关者间的利益得到协调。

### 3.2.3 博弈论

博弈论作为经济学理论的一部分，在过去几十年发展得十分成功，已经成为整个社会科学的一个方法，除了经济学之外，目前在生物学、管理学、国际关系、计算机和政治学等许多学科都有广泛的应用。博弈论又称对策论、游戏理论或竞赛理论，目前学术界对博弈论的定义并没有达成统一的认识，但学者们普遍认为：博弈论是研究决策主体之间相互影响的理性决策行为，以及决策的均衡问题。博弈通常包括博弈方、策略、信息、行动、收益、均衡、结果共 7 个要素。对博弈的分类，目前学术界也没有统一的认识，学者们依据不同的标准进行了分类，如根据参与人的多少，可分为两人博弈和多人博弈；根据博弈结果的差异，可分为零和博弈、常和博弈和变和博弈；根据参与人的合作态度，可分为合作博弈和非合作博弈等。合作博弈强调的是整体理性，即整体最优；而非合作博弈则强调个人理性，认为个人决策是最优的[117]。

对于非合作博弈，根据参与人采取行动的先后顺序，可将其分为静态博弈和动态博弈；根据参与人信息的掌握程度，可将其分为完全信息博弈和不完全信息博弈。这两种分类可以组合成为四种不同类型的博弈，即完全信息静态博弈、完全信息动态博弈、不完全信息静态博弈、不完全信息动态博弈。对应这四种博弈的均衡概念，就是纳什均衡、子博弈精练纳什均衡、贝叶斯纳什均衡和精练贝叶斯纳什均衡，其中最重要的是纳什均衡。纳什均衡是博弈论中非常重要的概念。具体地说，一个纳什均衡就是博弈中各博弈方都不愿意单独改变策略的一个策略组合[117]。

### 3.2.4 公众参与理论

公众参与制度最早出现于环境资源保护法领域。1969 年，Arnstein 发表了著名的论文 *A Ladder of Citizen Participation*。文中她提出了一种具有 3 个层次、8 种形式的公众参与类型模式，分别是操纵——权力阶层控制市民的行为，所谓的参与完全被表面化和操纵着；引导——当市民提出自己的要求时，通常被规劝和教导用其他有利于权力阶层的方式来行事；告知——把相关的信息告诉市民；咨询——就相关问题向市民征求意见，但市民并不参与决策；安抚——对那些对决策不满意的市民采取一定程度的解释和安抚工作；合作——市民有机会参与到某一公共政策的制定和决策过程中，与权力阶层一起来工作；授权——市民代表被赋予权力、决策和制定决策过程，或是平行于政府的公共管理部门，或是组成部分；公众控制——这是一个乌托邦式的理想阶段，社会事务完全由市民组织和一些第三方的非营利组织来完成，他们的决策具有法律效应。她认为在未来的民主社会中，市民从不参与到充分参与可以分成8个渐进的阶段，称为公共参与阶梯理论。公共参与阶梯理论很好地把社会公众参与带入了一条理性的道路[118]。

公众参与作为一种现代新兴的民主形式，已成为世界各地探索发展民主的生动实践。20世纪90年代，公众参与的理念传入中国，并逐步升温、兴起。在我国，公众参与的理论研究仍然非常缺乏，俞可平教授是我国较早涉足公众参与研究的学者，另外，王周户、贾西津、王锡锌、蔡定剑等人也对公众参与进行了较为深入的研究[118-121]。中国共产党的十六大、十七大都提到了公众参与。公众参与理论是建筑遗产保护主体多元化的理论基础，是构建建筑遗产保护模式运行机制的重要依据。

## 3.3 本章小结

本章从概念入手，明晰了建筑遗产、利益、利益冲突、机制等概念，对本书所需的主要理论如利益相关者理论、协调理论、博弈论及公众参与理论等进行了解读，并对这些理论在建筑遗产保护方面及在本书中的应用进行了叙述，为后面章节观点的提出打下了良好的理论基础。

# 4

# 建筑遗产保护主要利益相关者分析

本章将基于前面的研究基础,对建筑遗产保护所涉及的主要利益相关者进行分析。

## 4.1　研究数据的收集

本书主要借鉴 Freeman 等人关于利益相关者定义中的核心思想[8-9],把利益相关者的含义加以引申,并扩展到企业之外,在建筑遗产保护这个大系统中探讨利益相关者之间利益的协调机制。受 Freeman 关于利益相关者定义的启发,本书将建筑遗产保护利益相关者定义为:任何能对建筑遗产保护目标的实现产生影响,或受建筑遗产保护影响的个人和群体。

在城市更新改造中,保护建筑遗产所涉及的利益相关者对建筑遗产的存亡具有较大的影响。因此,从众多利益相关者中识别出哪些利益相关者对建筑遗产的影响力较大是非常重要的。而如何识别利益相关者是应用利益相关者理论的关键步骤。作者首先采用了文献查阅和梳理的方法,识别出保护建筑遗产所涉及的利益相关者。在现有文献中,许多作者都对建筑遗产的利益相关者进行了界定,如肖建莉界定了城市文化遗产保护的相关主体为中央政府、地方政府、非政府组织、私人企业等[122];周剑虹和张妍把文化遗产的利益相关者认为遗产地政府、遗产管理部门、遗产地或社区居民、研究人员、媒体、其他潜在利益相关者如公众、企业和基金会等[123];鹿奇将西湖遗产地的利益相关者确定为景区委员会、旅游经营者、社区居民、旅游委员会、佛教组织、旅游协会、旅游者[97];石应平等人认为古城城市遗产的保护所涉及的利益相关方主要包括政府、相关学者、相关企业、古城居民、房地产商、规划师、旅游者以及旅游从业人员等[94];倪斌把建筑遗产保护的利益相关者列为建筑遗产产权人、政府、非政府组织、遗产地居民、开发企业、游客以及公众媒体等[92];薄茜认为工业遗产的利益相关者包括中央政府、当地政府、工业遗产旅游地管理机构、旅游地经营者、旅游者、当地社区、非政府组织、媒体、学术界和科研机构等[124]。

根据对文献的梳理，作者初步确定了13个建筑遗产保护所涉及的利益相关者，分别是中央政府、地方政府（包括地方文物保护部门）、旅游管理部门、社区居委会（或街道办）、开发企业、建筑遗产维修保护单位、当地居民、旅行社、旅游投资公司、学界（包括建筑遗产保护研究机构、建筑遗产保护专家委员会等社会非营利性组织）、建筑遗产维修技术人员、媒体、建筑遗产保护管理委员会，如图4.1所示。

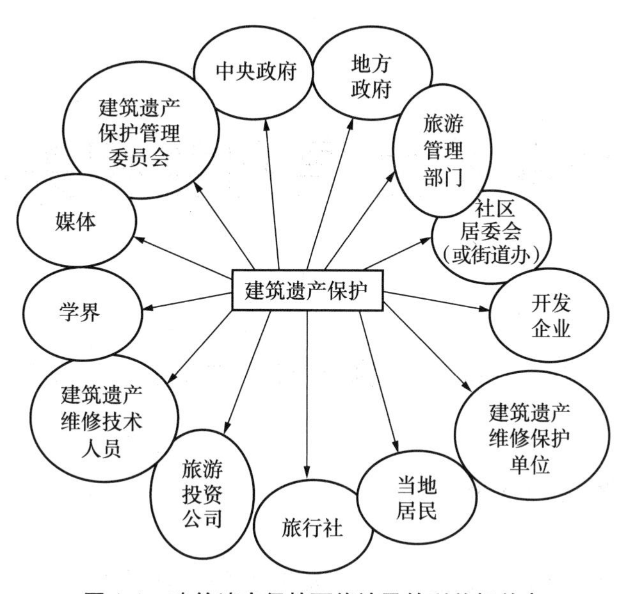


图4.1 建筑遗产保护可能涉及的利益相关者

在这些利益相关者中，旅游投资公司和专家学者在建筑遗产保护这件事情上，他们的选择是一致的。由于旅游管理部门受地方政府的管辖，所以他们两个的身份并不完全独立，但这并不影响本书的分析结论。

在界定出建筑遗产保护利益相关者之后，需要从图4.1中这13类利益相关者中识别出更为重要的利益相关者，并对其进行分类。本书从重要性和积极性两个维度对建筑遗产保护利益相关者进行分类。这是因为：首先，在建筑遗产保护过程中，有的利益相关者会积极主动地对建筑遗产进行保护，如建筑遗产维修保护单位、学界等；而有的利益相关者则是被动地保护建筑遗产，如开发企业和当地居民。也就是说，不同的利益相关者对保护建筑遗产的积极性不同。其次，不同的利益相关者对于建筑遗产保护工作是否能够顺利实施和如何实施的重要程度不同。有的利益相关者对于建筑遗产保护是不可或缺的，起着重要的决定性作用，如开发企业、地方政府、中央政府等，而其他利益相关者虽然其行为也会影响建筑遗产的保护，但不起决定性作用。因此在建筑遗产保护过程中，需重点考虑最重要、最直接的利益相关者的利益诉求和行为特征，在平衡协调他们的利益诉求的基础上，兼顾其他利益相关者的利益诉求。

本书对建筑遗产保护涉及的较为重要的利益相关者的识别和分类，是基于调查问卷的结果确定的，问卷样本见附录1。调查问卷发放的对象主要是开发企业、地方政府相关部门（包括文物局、规划局、城乡建设委员会）、建筑遗产维修保护单位、建筑遗产保护管理委员会的工作人员、专家学者,以及当地居民。其中,工作人员包括高级管理人员(处级或高级职称以上)、中级管理人员(科级或中级职称以上)以及一般员工。采用邮件、实地发放等方式共发放问卷600份,实际回收335份,问卷回收率55.8%。剔除回收问卷中存在缺项、漏项、多项以及全部选项一致的问卷18份,回收有效问卷317份,有效问卷回收率94.6%。

按照李克特量表,调查问卷采用5分制。5分表示此类利益相关者的重要性和积极性最高,1分表示此类利益相关者的重要性和积极性最低。随后利用SPSS19.0软件对有效调查问卷进行数据分析,所用到的统计方法主要有描述性统计、均值比较、配对样本T检验。

## 4.2 数据分析

### 4.2.1 样本描述与检验

#### 1)样本描述

根据对有效调查问卷进行的数据分析,得到样本基本信息描述如表4.1所示。

表4.1 样本基本信息描述

| 基本信息 | | 人数/人 | 比例/% |
|---|---|---|---|
| 性别 | 男 | 175 | 55.21 |
| | 女 | 142 | 44.79 |
| 年龄 | 20~30岁 | 111 | 35.02 |
| | 31~40岁 | 87 | 27.44 |
| | 41~50岁 | 85 | 26.81 |
| | 51岁及以上 | 34 | 10.73 |
| 对建筑遗产的了解程度 | 不了解 | 40 | 12.62 |
| | 基本了解 | 84 | 26.50 |
| | 比较了解 | 86 | 27.13 |
| | 很了解 | 107 | 33.75 |
| 单位性质 | 企业 | 78 | 24.61 |
| | 事业部门 | 87 | 27.44 |
| | 政府部门 | 75 | 23.76 |
| | 私营业主或个体户 | 77 | 24.29 |

续表

| 基本信息 | | 人数/人 | 比例/% |
|---|---|---|---|
| 职位 | 一般职工 | 142 | 44.80 |
| | 科级或中级职称 | 120 | 37.85 |
| | 处级或高级职称 | 47 | 14.83 |
| | 局级及以上 | 8 | 2.52 |
| 学历 | 大专及以下 | 85 | 26.81 |
| | 本科 | 113 | 35.65 |
| | 硕士 | 75 | 23.66 |
| | 博士 | 44 | 13.88 |
| 合计 | | 317 | 100.00 |

被调查者性别比例分布如表4.1和图4.2所示，在317份有效问卷中，被调查者男性人数有175人，女性有142人，男女性别比例分别为55.21%和44.79%，表明男女性都有一定程度的参与，从问卷被调查者性别层次上考虑，比例分布有效。

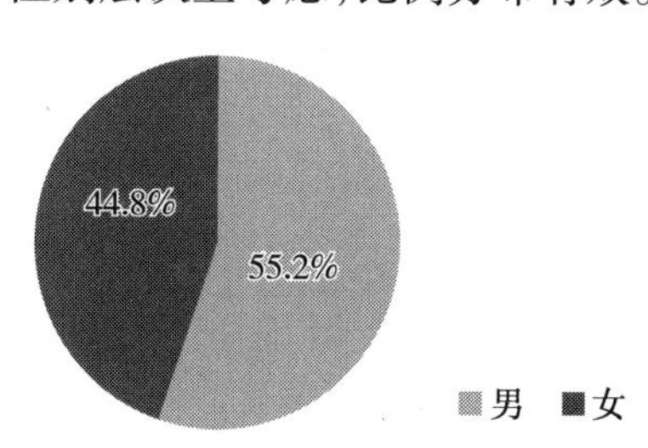


**图4.2　被调查者性别比例分布**

被调查者的年龄比例分布如图4.3所示。从图中可以看出，被调查者的年龄主要集中在50岁以下，50岁以下的被调查者占比将近90%，只有10.73%的被调查者年龄在51岁及以上。其中，20～30岁的人群最多，占所有被调查者的35.02%，31～40岁和41～50岁的被调查人群相差不大，分别是27.44%和26.81%。这主要是因为本次问卷调查的一部分采用网上问卷的形式，而51岁及以上的调查对象受制于时间与生活习惯，问卷返回率较低。

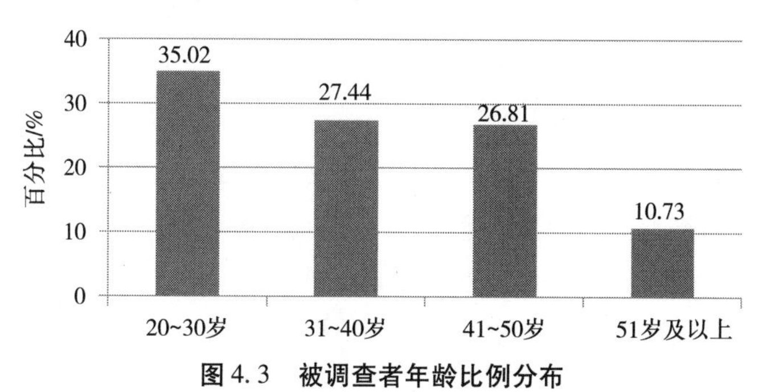


**图4.3　被调查者年龄比例分布**

被调查者对建筑遗产的了解程度比例分布如图 4.4 所示。从图中可以看出，接近 60.9% 的被调查者对建筑遗产的了解程度为比较了解和很了解，其中很了解的人群达到了 33.75%，超过了所调查人数的 1/3。只有 12.62% 的被调查者表示对建筑遗产不了解。这主要是由于随着国家经济的飞速发展，国内居民生活水平也得到显著提高，越来越多的民众在周末和假期等休闲时间出去旅游，而以建筑遗产为特色的旅游景区或景点是人们旅游观光的热点之一，民众对建筑遗产有了一定的了解。这为保证问卷结果的客观性和可信性打下了良好的基础。

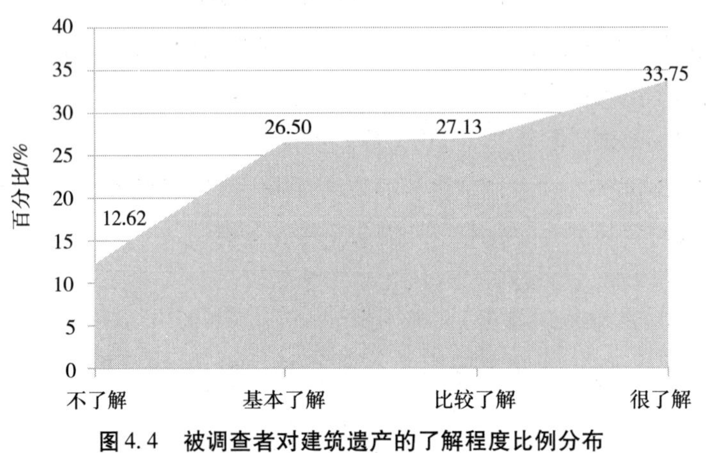


**图 4.4　被调查者对建筑遗产的了解程度比例分布**

图 4.5 是关于被调查者单位性质的比例分布图。从图中可以看出，在收回的 317 份有效问卷中，来自事业单位的被调查者最多，达到 87 份，占总问卷的 27.44%，而来自私营业主或个体户的被调查者最少，占 24.29%。这种现象可以更好地帮助我们了解 4 种不同性质单位的受访民众对建筑遗产及其保护的了解程度，为后续研究更有针对性地提出政策建议和提供帮助。

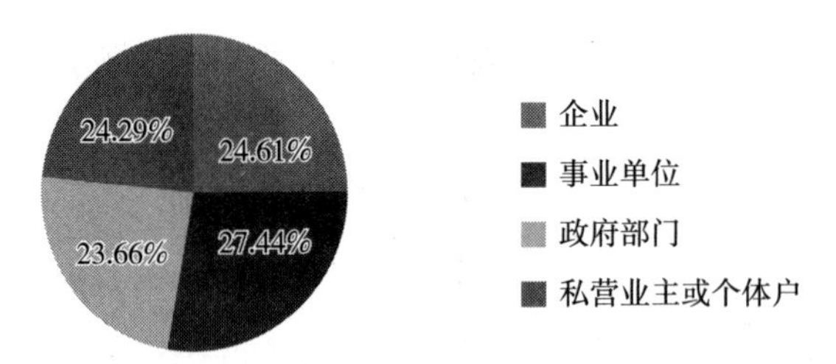


**图 4.5　被调查者单位性质比例分布**

通过表 4.1 和图 4.6 可以看出，317 名被调查者在其单位的职位分布不太均衡。其中一般职工最多，占所有受访民众的 44.80%；处于科级或中级职称以下的被调查者达到 262 人，占所有被调查者的 82.65%；处级或高级职称者有 47 人，占全部被调查者的 14.83%，局级及以上仅有 8 人，仅占被调查者总额的 2.52%。出现这种现象的原因是在现实生活中，大部分是处于金字塔底端的普通职工和科级员工，而只有少部分人处于金字塔的顶端，这也直接导致了被调查者在其单位或公司的职位分布的不平衡性。

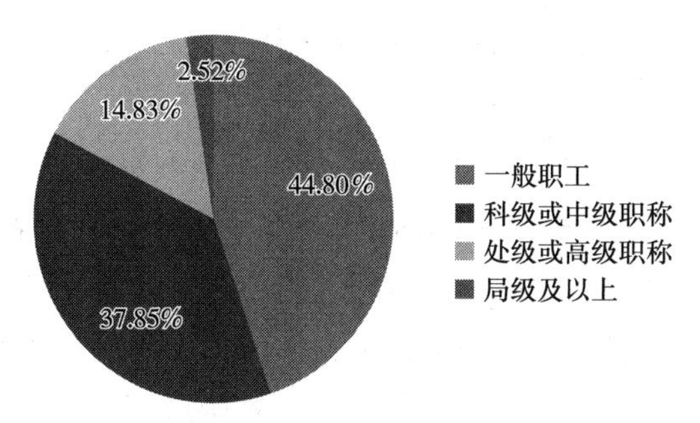


**图 4.6　被调查者职位比例分布**

从表 4.1 和图 4.7 可以看出，在被调查者中，本科学历最多，有 113 人，占全部被调查者的 35.65%，居四档学历水平数量之首；其次是大专及以下学历的被调查者有 85 人，占总被调查人数的 26.81%；硕士有 75 人，占总人数的 23.66%；被调查者中学历为博士的有 44 人，占总受访人数的 13.88%。从上述数据可以发现，目前参与调查问卷的人员依然以本、专科学历人群为主，这与我国现在的高等教育大众化的趋势有关。

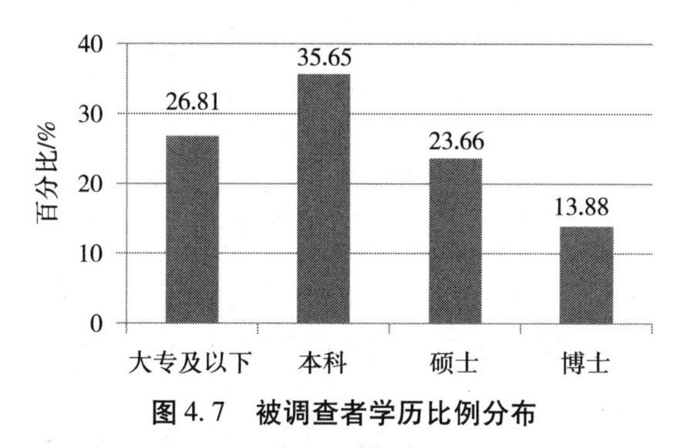


**图 4.7　被调查者学历比例分布**

### 2）样本检验

运用 SPSS 软件，对搜集到的有效问卷的重要性和积极性进行信度和效度检验，结果如表 4.2 所示。

**表 4.2　重要性和积极性的信度和效度**

| 指标 | 重要性 | 积极性 |
|---|---|---|
| 信度系数 $\alpha$ | 0.895 | 0.873 |
| 效度系数 KMO | 0.873 | 0.872 |

从表 4.2 可以看出，重要性的信度系数 $\alpha$ 为 0.895，效度系数 KMO 为 0.873；积极性的信度系数 $\alpha$ 为 0.873，效度系数 KMO 为 0.872。根据焦柳丹 2016 年的研究[125]，信度系数和效度系数大于 0.7，说明问卷设置是有效的。按照此标准，本书问卷有效性较高，满足研究需要。

### 4.2.2 利益相关者重要性评估

#### 1)重要性评估基本描述统计

针对重要性维度,被调查者对不同利益群体在建筑遗产保护中的重要性认知不同,具体如表4.3所示。

**表4.3 重要性评估的描述统计**

| 序号 | 利益相关者 | 样本量 | 均值 | 标准差 | 最小值 | 最大值 |
|---|---|---|---|---|---|---|
| 1 | 中央政府 | 317 | 4.32 | 0.74 | 3 | 5 |
| 2 | 地方政府 | 317 | 4.37 | 0.79 | 1 | 5 |
| 3 | 旅游管理部门 | 317 | 3.21 | 1.01 | 1 | 5 |
| 4 | 社区居委会(或街道办) | 317 | 2.97 | 1.40 | 1 | 5 |
| 5 | 开发企业 | 317 | 4.35 | 0.73 | 3 | 5 |
| 6 | 建筑遗产维修保护单位 | 317 | 3.57 | 1.29 | 1 | 5 |
| 7 | 旅行社 | 317 | 1.68 | 0.77 | 1 | 5 |
| 8 | 旅游投资公司 | 317 | 3.13 | 1.04 | 1 | 5 |
| 9 | 学界 | 317 | 4.05 | 0.99 | 1 | 5 |
| 10 | 当地居民 | 317 | 4.19 | 0.83 | 1 | 5 |
| 11 | 建筑遗产维修技术人员 | 317 | 3.35 | 1.32 | 1 | 5 |
| 12 | 媒体 | 317 | 2.40 | 1.12 | 1 | 5 |
| 13 | 建筑遗产保护管理委员会 | 317 | 3.77 | 0.99 | 1 | 5 |

表4.3表明,中央政府、地方政府、开发企业、学界以及当地居民这5个利益相关者的均值都高于4,尤其是地方政府的重要性评估均值高达4.37,位居13个利益相关者重要性之首。这说明被调查者普遍认为上述5个利益群体对建筑遗产保护非常重要,尤其是地方政府在建筑遗产的保护中发挥着至关重要的作用。相反,社区居委会(或街道办)、旅行社和媒体的重要性评估均值低于3。其中,旅行社的均值最低,只有1.68。此现象表明,被调查者认为社区居委会(或街道办)、旅行社和媒体这3个利益相关者对建筑遗产保护的重要性不大,尤其是旅行社,基本处于不重要的地位。

从表4.3统计数据的标准差来看,中央政府、地方政府、开发企业、旅行社、学界、当地居民和建筑遗产保护管理委员会7个利益群体的打分结果标准差小于1,说明上述利益相关者的评分结果较统一,离散程度较低。这一结果反映了被调查者关于这7个利益相关者对保护建筑遗产的重要性有较为统一的认知。而旅游管理部门、社区居委会(或街道办)、建筑遗产维修保护单位、旅游投资公司、建筑遗产维修技术人员和媒体6个利益相关者的评分结果标准差都大于1,尤其是社区居委会(或街道办)的评分结果标准差高达1.40,说明上述6个利益群体的评分结果离散程度较大,被调查者对此认知的差异相对较大。

为了能够进一步了解317名被调查者对13个利益相关者在建筑遗产保护重要性维度上的认知差异,我们对各个利益相关者的重要性打分百分比情况进行了统计,结果如表4.4所示。

**表4.4 重要性打分百分比情况**

| 序号 | 利益相关者 | 1分/% | 2分/% | 3分/% | 4分/% | 5分/% |
|---|---|---|---|---|---|---|
| 1 | 中央政府 | 0 | 0 | 16.4 | 35.3 | 48.3 |
| 2 | 地方政府 | 0.6 | 2.2 | 9.1 | 36.0 | 52.1 |
| 3 | 旅游管理部门 | 2.5 | 24.0 | 34.7 | 27.4 | 11.4 |
| 4 | 社区居委会(或街道办) | 19.6 | 21.1 | 21.1 | 18.6 | 19.6 |
| 5 | 开发企业 | 0 | 0 | 15.4 | 34.4 | 50.2 |
| 6 | 建筑遗产维修保护单位 | 9.8 | 11.7 | 19.5 | 29.7 | 29.3 |
| 7 | 旅行社 | 47.3 | 40.7 | 9.5 | 1.9 | 0.6 |
| 8 | 旅游投资公司 | 8.8 | 14.5 | 39.4 | 29.7 | 7.6 |
| 9 | 学界 | 2.5 | 4.7 | 17.7 | 35.0 | 40.1 |
| 10 | 当地居民 | 0.6 | 3.2 | 13.9 | 41.6 | 40.7 |
| 11 | 建筑遗产维修技术人员 | 12.3 | 14.5 | 23.0 | 26.5 | 23.7 |
| 12 | 媒体 | 21.5 | 39.7 | 22.4 | 10.1 | 6.3 |
| 13 | 建筑遗产保护管理委员会 | 2.2 | 7.6 | 26.4 | 38.2 | 25.6 |

从表4.4中可以看出,对于建筑遗产保护比较重要的中央政府、地方政府、开发企业、学界以及当地居民这5个利益相关者的重要性打分百分比情况有所差异,但主要集中在4分和5分上(4分和5分百分比之和高达75%以上)。其中,中央政府4分和5分的百分比之和达到83.6%;地方政府4分和5分百分比之和达到88.1%,为全部利益相关者之首;开发企业4分和5分百分比之和达到84.6%;当地居民的4分和5分百分比之和达到82.3%,学界4分和5分百分比之和达到75.1%。

对比另外8个利益相关者的打分百分比情况可以看出,建筑遗产维修技术人员的打分情况相对比较分散,26.5%的被调查者打4分,12.3%的被调查者打1分,整体离散程度最大。此外,表4.4显示旅行社和媒体这两个利益相关者对建筑遗产保护重要性的打分情况偏低。其中,给旅行社打1分和2分的百分比之和达到88%,而为其打4分和5分的百分比之和只有2.5%,是全部利益相关者之中最低的比例。给媒体打4分和5分的百分比之和也远低于其他11个利益相关者,只有16.4%。需要注意的是,在上述8个利益相关者中,虽然给建筑遗产保护管理委员会打4分和5分的百分比之和没有达到75%以上,但是其1分和2

分的百分比之和只有9.8%,其3分到5分的百分比之和高达90.2%,表明317名被调查者大多数还是认可建筑遗产保护管理委员会对建筑遗产保护的重要性。

通过对表4.4进行纵向对比,可以发现打分为1分的百分比最高的利益相关者是旅行社,达到47.3%;打分为2分的百分比最高的利益相关者也是旅行社,达到40.7%;打分为3分的百分比最高的利益相关者是旅游投资公司,为39.4%;打分为4分的百分比最高的利益相关者是当地居民,达到41.6%;打分为5分的白分比最高的利益相关者则是地方政府,百分比高达52.1%。上述纵向比较说明被调查者认为旅行社在建筑遗产保护中的重要性最弱,而地方政府则在建筑遗产保护中的重要性最强。

从表4.3的分析可知,各利益相关者对建筑遗产保护的重要程度均值表现出极大的差异,排名最高的为地方政府,其重要性均值为4.37,而排名最低的旅行社的得分为1.68,可以看出最高的得分比最低的得分高出2.69。进一步根据表4.3中的重要性数据对13个利益相关者进行排名如图4.8所示。

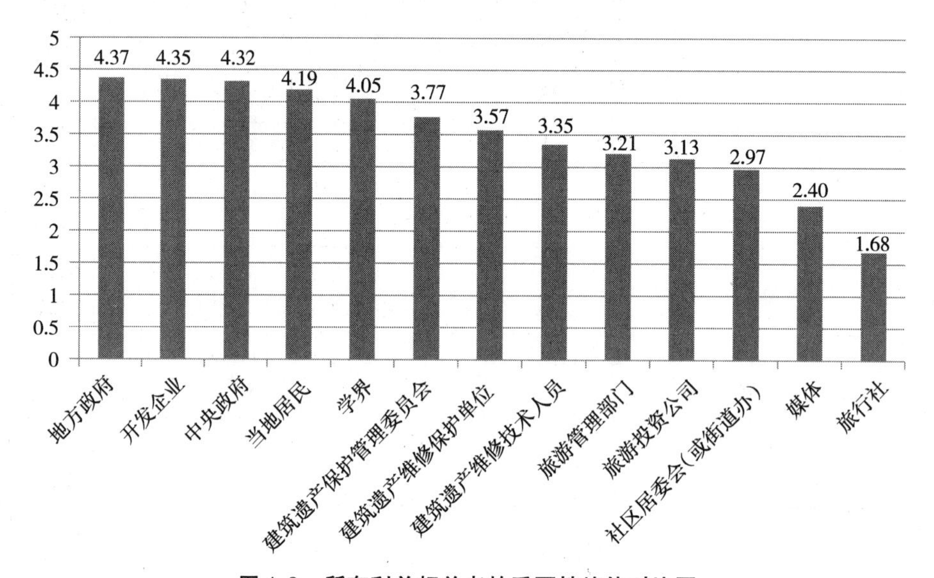


**图4.8　所有利益相关者的重要性均值对比图**

从图4.8可以看出,利益相关者的重要性排序依次为地方政府、开发企业、中央政府、当地居民、学界、建筑遗产保护管理委员会、建筑遗产维修保护单位、建筑遗产维修技术人员、旅游管理部门、旅游投资公司、社区居委会(或街道办)、媒体和旅行社。

综合前面的分析,可以得出以下结论:从被调查者看来,地方政府、开发企业、中央政府、当地居民、学界这5个利益相关者是保护建筑遗产最重要的利益群体,其中地方政府最为重要;旅行社则是对建筑遗产保护工作最不重要的利益相关者。

### 2)重要性评估检验

尽管在图4.8中从重要性均值角度分析了13个利益相关者对建筑遗产保护的重要性,但是各个利益相关者之间的显著性问题没有予以考虑,不能更全面、更立体地评估各个利益相关者对建筑遗产保护的重要程度。因此,本书采用配对样本 T 检验方法,对上述 13 个利益相关者的重要性打分均值进行显著性检验,以立体地评估这 13 个利益相关者的重要性程度。配对检验结果分布如表 4.5 所示。其中由于矩阵为对称矩阵(假如使用 $a_{ij}$ 表示矩阵元素,即 $a_{ij}=a_{ji}$ ),因此只显示其中的上半部分。

**表 4.5　重要性维度评分均值差异配对样本检验 T 检验结果**

| | ZY | DF | TM | CM | RE | CC | TC | TI | UR | LP | CT | NM | HM |
|---|---|---|---|---|---|---|---|---|---|---|---|---|---|
| ZY | — | -0.05<br>(-0.84) | 1.11**<br>(17.78) | 1.34**<br>(15.99) | -0.03<br>(-0.52) | 0.75**<br>(9.43) | 2.64**<br>(41.02) | 1.19**<br>(15.99) | 0.26**<br>(3.77) | 0.13*<br>(2.13) | 0.97**<br>(11.15) | 1.92**<br>(25.38) | 0.55**<br>(7.81) |
| DF | | — | 1.15**<br>(15.91) | 1.39**<br>(15.46) | 0.02<br>(0.32) | 0.79**<br>(9.69) | 2.69**<br>(42.74) | 1.24**<br>(17.69) | 0.31**<br>(4.33) | 0.18**<br>(3.08) | 1.02**<br>(12.39) | 1.97**<br>(25.64) | 0.59**<br>(8.29) |
| TM | | | — | 0.24*<br>(2.45) | -1.14**<br>(-17.15) | -0.36**<br>(-3.92) | 1.53**<br>(21.72) | 0.09*<br>(1.09) | -0.84**<br>(-10.07) | -0.97**<br>(-13.06) | -0.14*<br>(-1.40) | 0.81**<br>(9.57) | -0.56**<br>(-6.80) |
| CM | | | | — | -1.37**<br>(-15.88) | -0.60**<br>(-5.69) | 1.30**<br>(14.06) | -0.15*<br>(-1.56) | -1.08**<br>(-11.13) | -1.21**<br>(-14.09) | -0.37**<br>(-3.40) | 0.57**<br>(5.86) | -0.80**<br>(-8.42) |
| RE | | | | | — | 0.78**<br>(9.36) | 2.67**<br>(43.55) | 1.22**<br>(17.13) | 0.29**<br>(4.20) | 0.16*<br>(2.74) | 1.00**<br>(11.39) | 1.95**<br>(25.85) | 0.57**<br>(8.07) |
| CC | | | | | | — | 1.89**<br>(22.64) | 0.44**<br>(4.97) | -0.48**<br>(-5.21) | -0.62**<br>(-7.35) | 0.22*<br>(2.27) | 1.17**<br>(12.85) | -0.20*<br>(-2.11) |
| TC | | | | | | | — | -1.45**<br>(-23.88) | -2.38**<br>(-33.68) | -2.51**<br>(-40.44) | -1.67**<br>(-19.99) | -0.72**<br>(-10.11) | -2.09**<br>(-27.74) |
| TI | | | | | | | | — | -0.93**<br>(-12.05) | -1.06**<br>(-16.73) | -0.22*<br>(-2.67) | 0.73**<br>(9.21) | -0.65**<br>(-8.05) |
| UR | | | | | | | | | — | -0.13<br>(-1.83) | 0.71**<br>(8.19) | 1.65**<br>(20.15) | 0.28**<br>(4.92) |
| LP | | | | | | | | | | — | 0.84**<br>(10.36) | 1.79**<br>(22.18) | 0.41**<br>(5.82) |
| CT | | | | | | | | | | | — | 0.95**<br>(10.55) | -0.43**<br>(-4.80) |
| NM | | | | | | | | | | | | — | -1.37**<br>(-17.17) |
| HM | | | | | | | | | | | | | — |

注:① *P<0.05, **P<0.01,后文中标识同此处;

②为使得表格显示连贯,所有 13 个利益相关者均采用英文缩写形式。其中 ZY 表示中央政府,DF 表示地方政府,TM 表示旅游管理部门,CM 表示社区居委会(或街道办),RE 表示开发企业,CC 表示建筑遗产维修保护单位,TC 表示旅行社,TI 表示旅游投资公司,UR 表示学界,LP 表示当地居民,CT 表示建筑遗产维修技术人员,NM 表示媒体,HM 表示建筑遗产保护管理委员会。表 4.8 的表示同此处。

表4.5中未加括号的数据是指在重要性维度上两个不同利益相关者评分的均值之差；括号内的数值是指配对样本T检验数值；如果任意两者的均值之差分别通过了95%和99%的置信度检验，则分别用*和**予以标记；如果没有通过置信度检验，则在相应的均值之差数据下方进行横线标注，后面表中的情况同本表解释。举例说明，ZY和DF的配对检验$P$值大于0.05，两者差异不显著，在表4.5中用均差之差数据带下画线表示；TM与CM的配对检验$P$值在0.01和0.05之间，在95%的置信度区间中差异显著，用均差之差数据的右侧标记*表示；ZY和CC的配对检验$P$值小于0.01，说明在99%的置信区间中差异显著，在表4.5中用均差之差数据右侧标记**表示。

从图4.8可知，地方政府（DF）在13个利益相关者中的重要性均值排名第一，是建筑遗产保护中最重要的利益相关者。表4.5显示，DF相较于ZY的均值大了0.05，但是两者的重要性差异却并不显著，同样的情况适用于DF与RE的重要性差异。相反，DF相比于其他10个利益相关者的重要性均值较高，且通过了配对样本T检验，说明DF在建筑遗产保护中的重要性远高于其他10个利益相关者。此现象表明，DF与ZY以及RE之间的重要性差异并不显著，它虽然均值排名第一，但在建筑遗产保护中ZY和RE也是非常重要的利益相关者，不容忽视。

通过综合分析表4.5统计结果，可以得到以下结论：从重要性维度上来看，在多达78对配对检验中，社区居委会（或街道办）和中央政府、社区居委会（或街道办）和开发企业、地方政府和开发企业、学界和当地居民这4对利益相关者虽然评分的均值各不相同，他们相互之间的配对检验$P$值却都大于0.05，即均值差异与0相比没有显著性的差别；其他74对利益相关者之间的配对检验$P$值均小于0.05，在统计意义上都有显著的或者非常显著的差别。

## 4.2.3 利益相关者积极性评估

### 1）积极性评估基本描述统计

对于积极性维度，由表4.6可以看出，被调查者对不同利益相关者在建筑遗产保护方面的积极性认知有所不同。

表4.6 积极性评估的描述统计

| 序号 | 利益相关者 | 样本量 | 均值 | 标准差 | 最小值 | 最大值 |
|---|---|---|---|---|---|---|
| 1 | 中央政府 | 317 | 4.49 | 0.67 | 3 | 5 |
| 2 | 地方政府 | 317 | 4.40 | 0.65 | 1 | 5 |
| 3 | 旅游管理部门 | 317 | 3.22 | 0.99 | 1 | 5 |
| 4 | 社区居委会（或街道办） | 317 | 2.86 | 1.33 | 1 | 5 |
| 5 | 开发企业 | 317 | 3.67 | 1.20 | 1 | 5 |
| 6 | 建筑遗产维修保护单位 | 317 | 3.80 | 1.07 | 1 | 5 |

续表

| 序号 | 利益相关者 | 样本量 | 均值 | 标准差 | 最小值 | 最大值 |
| --- | --- | --- | --- | --- | --- | --- |
| 7 | 旅行社 | 317 | 2.12 | 1.09 | 1 | 5 |
| 8 | 旅游投资公司 | 317 | 4.02 | 1.13 | 1 | 5 |
| 9 | 学界 | 317 | 4.31 | 0.90 | 1 | 5 |
| 10 | 当地居民 | 317 | 3.39 | 1.17 | 1 | 5 |
| 11 | 建筑遗产维修技术人员 | 317 | 3.32 | 1.24 | 1 | 5 |
| 12 | 媒体 | 317 | 2.28 | 1.06 | 1 | 5 |
| 13 | 建筑遗产保护管理委员会 | 317 | 4.13 | 0.93 | 1 | 5 |

可以发现,中央政府、地方政府、旅游投资公司、学界以及建筑遗产保护管理委员会这5个利益相关者的均值都高于4,其中中央政府和地方政府的积极性评估均值分别为4.49和4.40,位居13个利益相关者积极性前列。这说明人们普遍认为这5个利益群体对建筑遗产保护工作的积极性较高。另外,社区居委会(或街道办)、旅行社和媒体的积极性评估均值低于3,其中旅行社的均值最低,只有2.12。由此可知,被调查者认为社区居委会(或街道办)、旅行社和媒体这3个利益相关者对建筑遗产保护的积极性不高,尤其是旅行社,基本处于不积极的状态。除上述8个利益相关者之外,其他5个利益群体的建筑遗产保护积极性评估均值在3~4,处于一般积极程度,同样不可忽视。

同时,比较13个利益相关者打分统计结果的标准差发现,中央政府、地方政府、旅游管理部门、学界和建筑遗产保护管理委员会5个利益群体的打分结果标准差小于1,说明上述利益相关者的评分结果比较统一,离散程度较低,这一结果反映了被调查者在这5个利益相关者对建筑遗产保护的积极性方面有较为统一的认知。而社区居委会(或街道办)、开发企业、建筑遗产维修保护单位、旅行社、旅游投资公司、当地居民、建筑遗产维修技术人员和媒体8个利益相关者的评分结果标准差都大于1,尤其是社区居委会(或街道办)的评分结果标准差高达1.33,这说明上述8个利益群体的评分结果离散程度较大,反映了317名被调查者认为这些利益相关者对建筑遗产保护的积极性程度具有不统一性和不确定性。

此外,比较表4.6中的13个利益相关者积极性维度的评分结果发现,中央政府的最低评分为3分,最高评分为5分。这说明317名被调查者都认为中央政府对建筑遗产保护工作持有非常积极的态度。而其他12个利益相关者对保护建筑遗产的积极性评分范围则从最低分1分到最高分5分全域分布,这说明有些被调查者认为上述12个利益相关者对建筑遗产保护不够积极,而有些被调查者则认为这12个利益群体对建筑遗产的保护非常积极,总之和前面部分的建筑遗产积极性维度打分一样,被调查者除了对中央政府保护建筑遗产的积极性认知比较统一外,对其他利益相关者、被调查者的认知比较离散。

和前面讨论的重要性一样,为了能够进一步了解317名被调查者对13个不同利益相关者在建筑遗产保护积极性维度上的认知，我们对各个利益相关者的积极性打分百分比情况进行了统计，结果如表4.7所示。

**表4.7 积极性打分百分比情况**

| 序号 | 利益相关者 | 1分/% | 2 | 3 | 4 | 5 |
|---|---|---|---|---|---|---|
| 1 | 中央政府 | 0 | 0 | 9.7 | 31.9 | 58.4 |
| 2 | 地方政府 | 0.9 | 1.9 | 9.2 | 32.2 | 55.8 |
| 3 | 旅游管理部门 | 2.5 | 22.4 | 35.7 | 29.0 | 10.4 |
| 4 | 社区居委会(或街道办) | 19.9 | 22.4 | 23.0 | 20.8 | 13.9 |
| 5 | 开发企业 | 8.2 | 7.9 | 21.4 | 34.1 | 28.4 |
| 6 | 建筑遗产维修保护单位 | 2.2 | 11.7 | 21.8 | 33.1 | 31.2 |
| 7 | 旅行社 | 31.2 | 42.0 | 14.5 | 7.3 | 5.0 |
| 8 | 旅游投资公司 | 4.1 | 5.4 | 22.4 | 21.1 | 47.0 |
| 9 | 学界 | 0.9 | 3.5 | 13.5 | 27.8 | 54.3 |
| 10 | 当地居民 | 6.6 | 18.3 | 21.8 | 35.6 | 17.7 |
| 11 | 建筑遗产维修技术人员 | 8.5 | 18.3 | 27.4 | 24.0 | 21.8 |
| 12 | 媒体 | 25.2 | 39.1 | 21.8 | 10.4 | 3.5 |
| 13 | 建筑遗产保护管理委员会 | 1.3 | 3.5 | 19.2 | 33.1 | 42.9 |

从表4.7中可以看出，对于建筑遗产保护积极性比较高的中央政府、地方政府、旅游投资公司、学界以及建筑遗产保护管理委员会这5个利益相关者的积极性打分百分比情况有所不同。对中央政府、地方政府和学界这3个利益相关者的积极性打分主要集中在4分和5分，其4分和5分的百分比之和都超过了80%。其中，中央政府的4分和5分的百分比之和高达90.3%，为全部利益相关者之首；地方政府的4分和5分的百分比之和达到了88%；学界的4分和5分的百分比之和达到了82.1%。

反之，对比剩下的8个利益相关者的打分百分比情况可以看出，社区居委会(或街道办)的打分情况相对比较分散，被调查者对其打3分的最多，占比23.0%，打5分的占比13.9%，整体离散程度最大。此外，还可以看出，旅行社和媒体这两个利益相关者对建筑遗产保护积极性的打分情况偏低。其中，旅行社的1分和2分的百分比之和达到73.2%，为所有利益群体之最，而其获得的4分和5分的百分比之和只有12.3%，同样是全部利益相关者之中最低的。媒体的4分和5分的百分比之和也只有13.9%，远低于其他11个利益相关者。需要注意的是，在上述8个利益相关者中，开发企业和建筑遗产维修保护单位这两个利益相关者虽然4分和5分的百分比之和没有达到80%，但是其1分和2分的百分比之和分别只有16.1%、13.9%，均小于20%，其3分到5分的百分比之和均在80%以上，这两组数据表明大部分被调查者都认为这两个利益相关者对建筑遗产保护的积极性很高。

另外,通过纵向对比表 4.7 可以发现,打分为 1 分的百分比最高的利益相关者是旅行社,达到 31.2%;打分为 2 分的百分比最高的利益相关者也是旅行社,达到 42.0%;打分为 3 分的百分比最高的利益相关者是旅游管理部门,为 35.7%;打分为 4 分的百分比最高的利益相关者是当地居民,达到 35.6%;而打分为 5 分的百分比最高的利益相关者则是中央政府,百分比高达 58.4%。上述纵向比较说明被调查者认为旅行社在建筑遗产保护中是最不积极的,甚至是消极的,而他们认为中央政府对建筑遗产的保护最积极。

从表 4.6 可以看出,在建筑遗产保护积极性方面,各利益相关者的均值表现出极大的差异,排名最高的为中央政府,其积极性均值高达 4.49,排名最低的是旅行社,为 2.12。根据各利益相关者的积极性对 13 个利益相关者均值进行排名如图 4.9 所示。

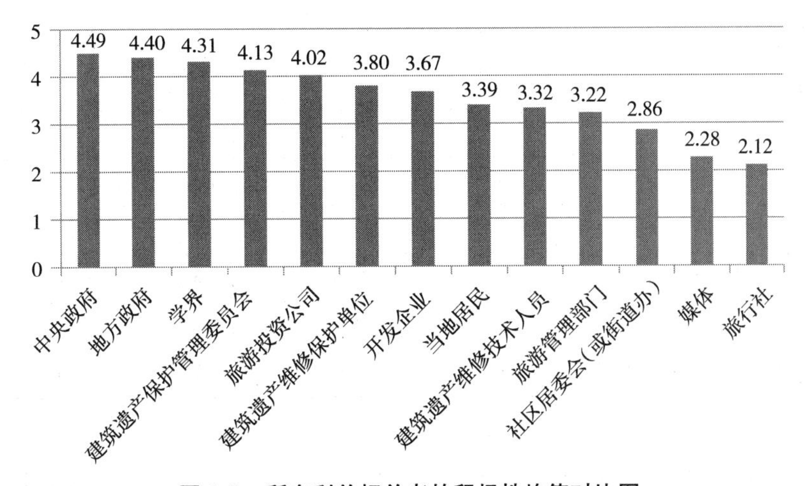


**图 4.9　所有利益相关者的积极性均值对比图**

从图 4.8 可以看出,在建筑遗产保护事务上,各利益相关者的积极性顺序为中央政府、地方政府、学界、建筑遗产保护管理委员会、旅游投资公司、建筑遗产维修保护单位、开发企业、当地居民、建筑遗产维修技术人员、旅游管理部门、社区居委会(或街道办)、媒体和旅行社。

综合前面的分析,可以得出以下结论:中央政府、地方政府、学界、建筑遗产保护管理委员会、旅游投资公司这 5 个利益相关者被认为是对建筑遗产保护工作最为积极的利益群体,社区居委会(或街道办)、媒体和旅行社则对建筑遗产保护工作不够积极,其中旅行社最不积极。

### 2)积极性评估检验

下面仍然采用配对样本 T 检验方法,对上述 13 个利益相关者的积极性打分均值进行显著性检验,以更全面、更立体地评估各个利益相关者对建筑遗产保护的积极程度。配对检验结果分布如表 4.8 所示。其中由于矩阵为对称矩阵(假如使用 $a_{ij}$ 表示矩阵元素,即 $a_{ij}=a_{ji}$),因此只显示其中的上半部分。

**表 4.8　积极性维度评分差异配对样本 T 检验结果**

| | ZY | DF | TM | CM | RE | CC | TC | TI | UR | LP | CT | NM | HM |
|---|---|---|---|---|---|---|---|---|---|---|---|---|---|
| ZY | — | 0.09<br>(1.58) | 1.26**<br>(21.01) | 1.62**<br>(19.76) | 0.82**<br>(11.27) | 0.69**<br>(10.20) | 2.36**<br>(32.81) | 0.47**<br>(6.37) | 0.18*<br>(2.80) | 1.09**<br>(14.81) | 1.16**<br>(14.50) | 2.21**<br>(32.72) | 0.36**<br>(5.57) |
| DF | | — | 1.18**<br>(16.79) | 1.54**<br>(17.89) | 0.74**<br>(9.82) | 0.61**<br>(8.44) | 2.27**<br>(30.20) | 0.38**<br>(5.11) | 0.09<br>(1.29) | 1.01**<br>(12.36) | 1.08**<br>(13.57) | 2.12**<br>(28.80) | 0.27**<br>(3.89) |
| TM | | | — | 0.36**<br>(3.92) | -0.44**<br>(-5.31) | -0.57**<br>(-7.00) | 1.09**<br>(13.99) | -0.79**<br>(-9.67) | -1.09**<br>(-13.88) | -0.17*<br>(-2.02) | -0.10<br>(-1.07) | 0.95**<br>(11.97) | -0.91**<br>(-11.32) |
| CM | | | | — | -0.80**<br>(1.58) | -0.93**<br>(-9.97) | 0.74**<br>(7.55) | -1.15**<br>(-11.92) | -1.44**<br>(-15.79) | -0.53**<br>(-5.42) | -0.46**<br>(-4.56) | 0.59**<br>(6.21) | -1.26**<br>(-14.23) |
| RE | | | | | — | -0.13<br>(-1.58) | 1.54**<br>(17.10) | -0.35**<br>(-3.87) | -0.64**<br>(-7.50) | 0.27**<br>(2.87) | 0.34**<br>(3.62) | 1.39**<br>(15.16) | -0.46**<br>(-5.70) |
| CC | | | | | | — | 1.67**<br>(19.80) | -0.22*<br>(-2.64) | -0.51**<br>(-6.52) | 0.40**<br>(4.63) | 0.47**<br>(5.10) | 1.52**<br>(18.21) | -0.33**<br>(-4.12) |
| TC | | | | | | | — | -1.89**<br>(-21.49) | -2.18**<br>(-28.29) | -1.26**<br>(-13.85) | -1.19**<br>(-13.04) | -0.15<br>(-1.77) | -2.00**<br>(-23.82) |
| TI | | | | | | | | — | -0.29**<br>(-3.58) | 0.62**<br>(7.03) | 0.69**<br>(7.20) | 1.74**<br>(20.83) | -0.11<br>(-1.35) |
| UR | | | | | | | | | — | 0.91**<br>(10.95) | 0.99**<br>(11.75) | 2.03**<br>(26.89) | 0.18*<br>(2.64) |
| LP | | | | | | | | | | — | 0.07<br>(0.84) | 1.12**<br>(12.67) | -0.74**<br>(-9.02) |
| CT | | | | | | | | | | | — | 1.04**<br>(11.96) | -0.81**<br>(-9.12) |
| NM | | | | | | | | | | | | — | -1.85**<br>(-23.69) |
| HM | | | | | | | | | | | | | — |

通过综合分析表4.8统计结果，可以得到以下结论：从积极性维度方面来看，在78对相互配对T检验中，中央政府和地方政府、地方政府和学界、旅游管理部门和建筑遗产维修技术人员、开发企业和建筑遗产维修保护单位、旅行社和媒体、旅游投资公司和建筑遗产保护管理委员会、当地居民和建筑遗产维修技术人员这7对利益相关者虽然评分的均值各不相同，但他们相互之间的配对检验 $P$ 值都大于0.05，即均值差异与0相比没有显著的差别；其他71对利益相关者之间的配对检验 $P$ 值均小于0.05，在统计意义上都有显著的或者非常显著的差别。

### 4.2.4 重要性和积极性对比分析

通过对前面调查结果的分析可知,在建筑遗产保护的重要性方面,被调查者认为地方政府、开发企业、中央政府、当地居民、学界这5个利益相关者是对建筑遗产保护最重要的利益群体;社区居委会(或街道办)、媒体和旅行社则是对建筑遗产保护最不重要的利益相关者;其他利益相关者介于上面两者之间。而在建筑遗产保护的积极性方面,被调查者认为中央政府、地方政府、学界、建筑遗产保护管理委员会、旅游投资公司这5个利益相关者是对建筑遗产保护最为积极的利益群体;社区居委会(或街道办)、媒体和旅行社则是对建筑遗产保护最不积极的利益相关者;其他利益相关者介于这两者之间。根据上述结论,通过比对,总结出重要性和积极性两方面的联系性,对13个利益相关者在建筑遗产保护中实际扮演的角色进行了识别,并分析如下:

在建筑遗产保护的重要性维度方面,317名被调查者认为地方政府、中央政府和学界这3个利益相关者非常重要,调查问卷结果的均值、标准差等指数都符合重要性相关系数。与此同时,上述3个利益相关者在建筑遗产保护的积极性维度方面也被认为是最具有积极性的利益群体。以学界为例,在建筑遗产保护的重要性维度方面,被调查者对其重要性打分为4~5分的百分比之和只有75.1%,而在建筑遗产保护积极性维度方面,学界的积极性打分为4分和5分的百分比之和却高达82.1%。

与此同时,数据显示,有一些利益相关者对建筑遗产的保护工作有着非常重要的作用,但是其保护建筑遗产的积极性却不高,甚至有些重要的利益相关者对建筑遗产的保护持不积极的态度。如在建筑遗产保护重要性维度中起非常重要作用的开发企业,其在重要性维度中的打分结果均值为4.35,打分为4~5分的百分比之和为84.6%,排名前列。而其在建筑遗产保护积极性维度的打分结果均值为3.67,打分为4~5分的百分比之和为62.5%,两项数据对比分别下降了0.68和22.1%。除此之外,还有如当地居民,其在建筑遗产保护重要性维度中的打分结果均值为4.19,打分为4~5分的百分比之和为82.3%,而这两项数据在建筑遗产保护积极性维度中只有3.39和53.3%,分别下降了0.8和29%。这些数据反映出一些重要性很高的利益相关者在建筑遗产保护工作中的积极性并不高,如开发企业和当地居民,他们并没有发挥出应有的作用。

从前面分析可以看出,13个利益相关者在建筑遗产保护领域的重要性维度和积极性维度方面具有很大的不平衡性,这种不平衡性对我国建筑遗产保护的效果有很大的影响。目前虽然一些建筑遗产得到了较好的保护,但是在城镇化过程中,仍有相当大一部分的建筑遗产被拆毁。通过识别和衡量各相关利益者在建筑遗产保护中的重要性,努力采取措施以提高重要利益相关者在保护建筑遗产方面的积极性,使其肩负的责任与其行为相匹配,是进一步改善和协调我国建筑遗产保护现状的重要途径。本部分的统计分析为后面章节建立有针对性的、科学的利益协调机制,提出合理、有效的协调措施具有重要的作用和现实意义。

## 4.3 主要利益相关者的利益要求

根据前面的调查分析可以得出,建筑遗产保护涉及的最主要的利益相关者为政府(包括中央政府和地方政府)、开发企业、当地居民和学界(专家学者)。由于各个利益相关者在城镇化过程中的利益诉求不同,各利益相关者会通过各种方式来维护自身的利益,因此在他们之间出现了利益不协调的现象。

### 4.3.1 中央政府

中央政府代表国家利益和全局利益,是国家公共政策的制定者,是公众利益的代言人,会最大限度地满足公众的需求,引导整个社会各项文化事业健康繁荣地发展。中央政府以社会发展为目标,这一目标只有通过地方政府的落实和实施才能够得以实现,然而由于地方政府对经济利益的过度追求,中央政府的利益要求并没有得到很好的实现。

### 4.3.2 地方政府

地方政府是地方社会经济活动的组织者和管理者,担负着制定地方性政策和规章的重要任务。地方政府保护建筑遗产的好处是通过开发开放遗产地旅游,增加地方收入,传承和弘扬地方文化,提高地方的知名度。从某种程度上说,地方政府具有"理性经济人"的行为倾向,为了短期内获得良好的政绩,不惜把文化资源作为发展经济与捞取政绩的摇钱树,甚至不惜以破坏民族文化为代价,因此地方政府注重地区经济利益的行为与中央政府注重全社会利益的目标产生了矛盾和冲突,目前很多地方政府的这种"短视"行为造成了大量建筑遗产的严重破坏。地方政府的自利性以及有限理性使得一些政策法规的制订常常不顾及公众的利益,而是从政府的私利出发,为获取经济利益甚至谋同开发企业加剧建筑遗产的破坏和消亡,从而导致了地方政府在建筑遗产保护中的角色错位。利益驱动性能够诱使地方政府为了追求短期的经济目标,在对待建筑遗产的态度上超越道德风险的界限,导致"帕累托最优"模式无法完成。在地方政府这个强大后盾的支持下,出现了大量的、以单纯追求经济利益为目标的房地产开发和破坏建筑遗产的行为。

在我国建筑遗产保护实践中,中央政府将监督和管理的权力委托给了地方政府。地方政府在保护建筑遗产工作中既是地方"游戏规则"的制定者,又是地方事务的管理者和监督者。在建筑遗产保护方面,地方政府最基本的职能定位是利益整合,地方政府要在不损害个体利益的前提下,兼顾社会全局利益和长远利益,调整利益分配格局,减少不同群体之间的不公正感。

## 4.3.3 开发企业

开发企业的基本目标是实现自身财富的增加和占有更大的房地产市场份额,他们具有强烈的寻求利润最大化的理性意识,按照利益驱动法则,开发企业不会为了保护建筑遗产而牺牲自己的商业利益。因此,在缺乏相关法律和监管制度的情况下,多数开发企业会为了追求经济利益而破坏本该予以保护的建筑遗产。在这样的目标指引下,城市的空间布局、城市肌理和城市的历史风貌遭到了破坏。

## 4.3.4 当地居民

在城市更新改造中,一些建筑遗产的拥有者也有可能面临政府要求他配合对所居住的房屋进行更新改造的风险。因为这意味着他要多一些经济上的支出,也就是说他必须花一些钱用于房屋的维修改造,这对于本就不太富裕的当地居民来说,是不愿意的。由于当地居民认识水平的限制,他们一般不会自觉地去保护建筑遗产。只有在政府的鼓励或强迫下,他们才有可能参与到建筑遗产保护工作中去,但如果发现参与保护建筑遗产这一行为并无利益可得,他们就有可能中途退出保护建筑遗产的队伍。

## 4.3.5 学界

学界(包括建筑遗产保护研究机构、建筑遗产保护专家委员会等社会非营利性组织中的专家学者)是政府的“智囊团”,他们不仅可以为政府决策提供有建设性的意见和建议,而且能够胜任建筑遗产的调查、认定、整理、解释等工作,因其具有良好的专业背景和知识技能,他们对建筑遗产的价值具有较为全面的认识,能够发自内心地保护建筑遗产,并愿意将最新的研究成果应用到保护实践中去,提高建筑遗产的保护利用水平。但是由于专家学者专注于建筑遗产保护这一目标,有时他们会忽视经济利益方面的考虑,使得专家学者在进行决策时,会允许投入较高的成本。

**表 4.9 主要利益相关者的利益追求倾向**[126]

| 利益构成 / 主要利益相关者 | 利益追求倾向 | | |
|---|---|---|---|
| | 经济效益 | 环境效益 | 社会效益 |
| 中央政府 | ☆☆ | ☆☆☆☆☆ | ☆☆☆☆☆ |
| 地方政府 | ☆☆☆☆☆ | ☆☆☆☆☆ | ☆☆☆☆☆ |
| 开发企业 | ☆☆☆☆☆ | ☆☆ | ☆☆☆ |
| 当地居民 | ☆☆☆☆ | ☆☆☆ | ☆☆☆ |
| 学界 | ☆☆☆☆ | ☆☆☆☆ | ☆☆☆☆☆ |

注:☆的多少表示追求倾向的大小,☆的数量越多,表示重视程度越大。

## 4.4 本章小结

本章结合文献梳理的方法，通过问卷调查，确定建筑遗产保护中的主要利益相关者，即中央政府、地方政府、开发企业、当地居民和学界。通过对调查问卷结果的分析，确定出其中最重要的3个利益相关者，即地方政府、开发企业和当地居民，随后分析了主要利益相关者的利益需求。

# 5 建筑遗产保护过程中的利益不协调现象分析

前一章对建筑遗产保护过程中的主要利益相关者进行了分析，识别出主要的利益相关者。在这些主要的利益相关者中，不同程度地存在着一些利益不协调的现象甚至是利益冲突。本章将对这些主要利益相关者之间存在的利益不协调现象进行分析。

在城镇化过程中，建筑遗产保护所涉及的各利益相关者的利益目标和利益期望值不同，导致了他们之间利益上的冲突。在建筑遗产保护这一事务上，各利益相关者都会采取有利于自己的行动，以达到自己的利益目标。也就是说，各利益相关者的行为都是从满足个体利益的角度出发的，这时，各利益相关者的利益诉求差异就会使个体利益和社会利益发生矛盾，从而导致各利益相关者之间利益冲突和不协调现象产生。

根据毛泽东《矛盾论》的观点，只有找出保护建筑遗产过程中各利益相关者之间的主要矛盾和主要矛盾方面，才能从根本上解决和协调他们之间的利益冲突。通过前面章节的分析发现，在建筑遗产保护涉及的各利益相关者中，地方政府是最主要的利益相关者，居于主要矛盾的主要方面。地方政府与开发企业的矛盾是各利益相关者矛盾系统中的主要矛盾。在这对矛盾的两个方面中，地方政府是矛盾的主要方面，起着主要作用[127]。

矛盾关系本质上是利益关系，只有通过建立有效的利益协调机制，实现利益相关者利益分配均衡化，才能有效化解这些矛盾和冲突，使各利益相关者和谐共存，从而保证建筑遗产保护工作更好地开展。发达国家的实践证明，用利益需要调动各利益相关者保护建筑遗产的积极性，是解决他们之间矛盾的有效途径。

# 5.1 各利益相关者之间的利益不协调现象的识别

## 5.1.1 数据收集

本部分仍然采用问卷调查的方法进行研究数据的收集,问卷设计的目的是通过调查识别出主要的不协调现象。首先,通过文献和网络搜集,整理出一系列候选的不协调现象,如表5.1所示。

**表5.1 建筑遗产保护过程中的利益不协调现象**

| 不协调现象 | 主要案例 |
| --- | --- |
| 上级政府和下级政府的行政职权的冲突(IC1) | 黑井盐文化建筑遗产保护 |
| 保护建筑遗产就是为了开放旅游,增加经济收益(IC2) | 黑井盐文化建筑遗产保护、古城西安 |
| 旧城改造需要拆旧城建新城,旧城的历史格局被严重破坏(IC3) | 古城拉萨、天津历史街区保护 |
| 拆迁补偿不合理(IC4) | 洪安古镇建筑遗产保护 |
| 地方政府和人民群众的利益冲突(IC5) | 洪安古镇、中山古镇、龚滩古镇建筑遗产保护 |
| 当地居民想保护又不能保护的思想冲突(IC6) | 查济古建筑群保护 |

注:IC为英语“利益冲突”(interest contradictions)的缩写,下同。

为了使调查问卷的设计更为合理,作者又组织了15位建筑遗产保护相关从业人员(包括该领域的专家学者和政府相关部门工作人员)对表5.1中所列出的利益不协调现象进行补充,增加了“房地产开发企业员工收入远高于当地平均收入水平”和“拆迁补偿不合理,上访群众数量增多”2个指标,征求专家意见后的指标如表5.2所示。

**表5.2 利益相关者利益不协调现象专家意见表**

| 编码 | 利益不协调现象 | 15位(5位专家学者、10位政府工作人员) | |
| --- | --- | --- | --- |
| | | 入选数/个 | 入选率/% |
| IC1 | 开发商一味地追求经济利益,忽视了社会效益 | 15 | 100.0 |
| IC2 | 地方政府和人民群众的利益冲突 | 1 | 6.7 |
| IC3 | 上级政府和下级政府行政职权的冲突 | 1 | 6.7 |
| IC4 | 保护建筑遗产就是为了开放旅游,增加经济收益 | 11 | 73.3 |
| IC5 | 拆迁补偿不合理,上访群众数量增多 | 6 | 40.0 |

续表

| 编码 | 利益不协调现象 | 15 位(5 位专家学者、10 位政府工作人员) | |
|---|---|---|---|
| | | 入选数/个 | 入选率/% |
| IC6 | 旧城改造需要拆旧城建新城,旧城的历史格局被严重破坏 | 14 | 93.3 |
| IC7 | 房地产开发企业员工收入远高于当地平均收入水平 | 3 | 20.0 |
| IC8 | 当地居民想保护又不能保护的思想冲突 | 0 | 0 |

表 5.2 中的这些不协调现象,其中对 IC8(当地居民想保护又不能保护的思想冲突)这一指标,所有专家都认为不重要。因此,在后面的调查问卷中删除了这一指标。这样,候选指标总共有 7 个。基于这些候选的不协调现象,采用 5 分李克特量表,初步形成问卷指标体系。其中,指标"很重要"5 分,"比较重要"4 分,"一般"3 分,"不重要"2 分,"可以忽略"1 分。调查问卷见附录 2。本次调查问卷主要通过电子邮件发放,共发放问卷 193 份,回收问卷 137 份。删除缺项、漏项问卷 10 份,回收有效问卷 127 份,问卷回收率 66%,调查问卷统计情况如表 5.3 所示。

**表 5.3 调查问卷统计表**

| 不协调现象 | 不协调现象的重要性 | | | | | SUM |
|---|---|---|---|---|---|---|
| | 1 | 2 | 3 | 4 | 5 | |
| IC1 | 5 | 8 | 18 | 46 | 50 | 127 |
| IC2 | 4 | 10 | 40 | 49 | 24 | 127 |
| IC3 | 5 | 9 | 29 | 47 | 37 | 127 |
| IC4 | 1 | 2 | 18 | 52 | 54 | 127 |
| IC5 | 4 | 9 | 28 | 55 | 31 | 127 |
| IC6 | 2 | 11 | 33 | 33 | 48 | 127 |
| IC7 | 7 | 15 | 48 | 32 | 25 | 127 |

### 5.1.2 数据分析

运用 SPSS19.0 软件对问卷进行数据分析,结果如表 5.4 所示。

表 5.4　利益不协调现象数据分析结果

| 利益矛盾 | 均值 | 标准差 | 最大值 | 最小值 |
|---|---|---|---|---|
| IC1 | 4.01 | 1.07 | 5.00 | 1.00 |
| IC2 | 3.62 | 0.98 | 5.00 | 1.00 |
| IC3 | 3.80 | 1.06 | 5.00 | 1.00 |
| IC4 | 4.23 | 0.81 | 5.00 | 1.00 |
| IC5 | 3.79 | 0.99 | 5.00 | 1.00 |
| IC6 | 3.90 | 1.06 | 5.00 | 1.00 |
| IC7 | 3.42 | 1.10 | 5.00 | 1.00 |

为了使利益不协调现象的大小更加直观，根据以上结果，对建筑遗产保护过程中利益相关者的利益不协调现象进行排序，如图 5.1 所示。

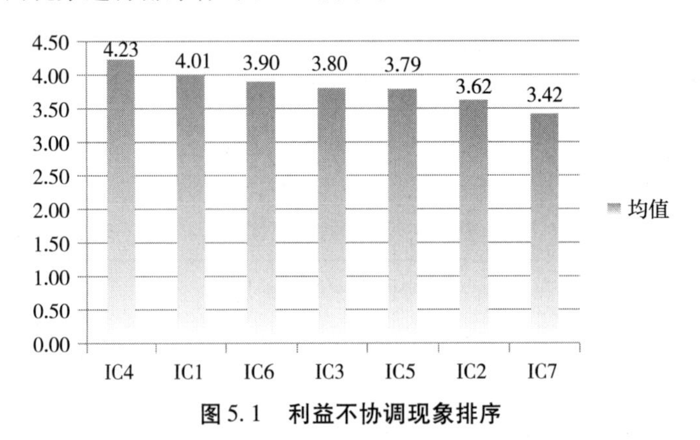


图 5.1　利益不协调现象排序

从图 5.1 可以直观地看出，“保护建筑遗产就是为了开放旅游，增加经济收益”这一指标以 4.23 分排名第一，而“开发商一味地追求经济利益，忽视了社会效益”排名第二。这两者的均值都高于 4.00 分，说明这两项是在建筑遗产保护过程中利益相关者之间的主要利益不协调现象。排名第三和第四的分别是“旧城改造需要拆旧城建新城，旧城的历史格局被严重破坏”和“上级政府和下级政府行政职权的冲突”，其均值分别为 3.90 和 3.80。这两项均与地方政府有直接关系，说明地方政府在建筑遗产保护中的重要地位，也进一步表明地方政府与其他利益相关者之间的利益不协调现象是建筑遗产保护过程中利益相关者之间的主要不协调现象。

从表 5.2 统计结果可以看出，所有被调查者都认为“开发商一味地追求经济利益，忽视了社会效益”。排名第二的是“旧城改造需要拆旧城建新城，旧城的历史格局被严重破坏”。排名第三的是“保护建筑遗产就是为了开放旅游，增加经济收益”。经过对这 3 个矛盾表现的归纳、分析和总结，得出建筑遗产保护的各利益相关者之间的利益不协调现象有以下几个方面：

### 1)经济利益和社会利益的矛盾

地方政府为了增加自己的政绩,往往只从本地区的经济利益出发考虑问题,并通过各种手段吸引更多的开发企业或资金进入本地区,使本地区的经济得到发展。基于当前我国官员政绩考核机制的原因,地方政府官员面临完成以 GDP 为核心内容的政绩考核压力和财政压力。为了当地的经济发展,地方政府可能会做出对保护建筑遗产不利的行为。从某种程度上讲,中央推行各项政策的最大阻力来自地方政府。保护建筑遗产的目的主要是保护其社会利益,这就意味着开发企业在开发时,要舍弃一部分容积率,也就是说开发企业可能会少获得一部分经济利益。然而从土地利用的角度看,往往较高的容积率才会使开发企业获得较高的经济收益,而建筑遗产所在地往往容积率较低,在开发企业看来,保护建筑遗产所产生的经济效益远远低于拆除重建的经济效益。这就导致了在有限的土地资源和经济利益的驱使下,开发企业无视当地文化的保护,拆除大量建筑遗产行为的发生。因此,产生了经济利益和社会利益之间的矛盾。

### 2)城市更新与尊重历史格局的矛盾

城市更新与尊重历史格局的矛盾也体现为发展与保护的矛盾。建筑遗产历经岁月沧桑,加之长期无人对其进行完善的维护和保养,大部分建筑遗产都出现了不同程度的自然老化或人为损坏。当地落后的基础配套设施和环境卫生设施无法适应现代城市发展的要求,严重影响了居民的生活质量和生活水平,居民为了满足自己的日常生活所需,私自乱搭、乱建、乱架、乱堆,破坏了传统民居的空间环境和特色,使城市文化和城市特色消失殆尽。由于建筑遗产一般在较好的区位,这些位置的土地价值比较高,该地段内建筑遗产保护的矛盾会非常突出。城市更新改造中,要保护城市传统的空间结构和社会结构、保持历史的延续性,就需要在传承历史文化和获得经济利益之间寻找平衡点。在城市更新改造中,地方政府对开发企业拥有管理权和支配权。一方面,地方政府需要利用开发企业来完成城市的更新改造;另一方面,地方政府又必然会制定一系列政策措施来限制开发企业的行为,在宏观上进行把握。地方政府希望开发企业在城市更新改造中保护好当地的生态自然环境和文化环境,比如要求开发企业承担部分市政设施的修建、控制房价以平息民怨等,而这些都是与开发企业的利益目标相背离的。因此,在城市更新和尊重历史格局方面也产生了一定的矛盾。

### 3)保护建筑遗产与开发旅游的矛盾

随着现代物质生活的逐渐丰富,现代人对传统生活环境和生活方式的回归和向往,越来越多的地方政府意识到保护建筑遗产潜藏的巨大的经济利益。利用建筑遗产发展旅游业,以此推动地方经济,提高当地人民的生活质量成为很多地方政府努力的方向。但是,地方政府因过分注重眼前的经济利益,忽视了建筑遗产本身所蕴含的深厚的历史文化和信息,忽略了对建筑遗产的持久保护,在发展旅游、追求更大利润与保持建筑遗产真实性和完整性之间产生了矛盾。地方政府把保护建筑遗产变成了毫无节制的过度开发,使建筑遗产失去了原真性,不少建筑遗产保护区成了招揽游客的金字招牌。旅馆、各种店铺随处可见,商业氛围越来越浓,文化展现越来越肤浅和庸俗,结果致使建筑遗产旅游地几乎成了吃喝玩乐的场所,人满为患,旅游到哪里,生态破坏和环境污染就到哪里。建筑遗产在这样的经营管理模式下,其自然风韵正在迅速退化,内在价值也随之贬值,这是对建筑遗产的不尊重和亵渎。实际上,建筑遗产的价值不仅体现在建筑遗产本身,建筑遗产所在地的周边环境、文化氛围、民俗习惯、宗教信仰等都共同构成了建筑遗产的价值,破坏了其周边环境,建筑遗产保护就没有什么意义可言。目前,我国开发建筑遗产地、开放旅游的做法使建筑遗产的价值渐行渐远,比如丽江古城。

#### 4)开发企业降低成本与地方政府追求财政收入最大化的矛盾

地方政府的财政收入主要来自土地出让金和各种税费。开发企业作为商业组织,其逐利本性使他一方面希望拿到价格低廉的土地,另一方面又希望对土地进行高强度的开发以降低成本。所以,开发企业不愿意单纯地保护建筑遗产,因为这会增加他们的成本和支出。因此,在地方政府追求财政收入最大化与开发企业希望降低成本之间产生了矛盾。开发企业为了降低企业成本,会和地方政府讨价还价,如要求地方政府给予政策优惠或者税收减免等。

## 5.2 各利益相关者利益不协调现象产生的原因

本章第一节识别出利益相关者之间的利益不协调的主要现象,本节将对这些不协调现象产生的原因做深入分析,为后续构建利益协调机制奠定基础。

建筑遗产保护是一项高度综合且与道德伦理紧密相关的工作[128]。各利益相关者利益不协调现象的伦理根源在于以人类为中心的功利主义。在新型城镇化过程中,不同的利益相关者参与城市的更新改造出于两种动机的驱动,即经济动机和社会动机。这两种动机之间存在着天然的矛盾,有的利益相关者希望在城镇化中获取经济利益,而有的利益相关者不仅希望获得经济利益,还希望在城镇化中提升当地的形象,这一矛盾就是城镇化中的伦理问题。因此,要解决城镇化中各利益相关者之间的不协调问题,有必要从伦理学角度进行深入的剖析,使各利益相关者在伦理上处于一种均衡状态。

建筑遗产保护所涉及的各利益相关者之间利益冲突形成的原因错综复杂,本章基于伦理道德的视角对各利益相关者之间的利益不协调现象进行研究。为了得到权威答案,作者借参加“新华思客会——新型城镇化的文化传承”论坛的机会,与来自北京、江苏、重庆等地的5位建筑遗产保护专家、学者进行了深度访谈,并一一做了记录。通过文献梳理和与专家学者的访谈,同时基于在磁器口历史街区案例调研时得到的信息,共整理了15个利益不协调现象产生的原因。作者制作了利益相关者之间利益不协调现象产生原因的专家访谈表,专门访谈了重庆市文物局、重庆市城乡建设委员会和重庆市规划局的相关工作人员，并向他们发放了访谈表，分别请5位研究建筑遗产保护的专家学者和10位相关政府部门的工作人员对访谈表所列出的15个利益不协调现象产生的原因进行选择。根据文献调研，如果某一利益不协调现象产生的原因的入选率在50%以上，就可以将其视为真实的利益不协调现象产生的原因。整理结果如表5.5所示。

**表5.5 利益相关者利益不协调现象产生的原因统计表**

| 利益不协调现象产生的原因 | 15位<br>(5位专家学者、10位政府工作人员) | |
|---|---|---|
| | 入选数/个 | 入选率/% |
| 不同利益相关者有不同的利益目标和利益诉求 | 15 | 100.0 |
| 当地人民希望工资上调而政府没有满足这一要求 | 1 | 6.6 |
| 不同利益相关者的价值观念不同 | 11 | 73.3 |
| 中央政府对地方政府财力的支持不够 | 6 | 40.0 |
| 地方政府不希望开发企业无限制地开发 | 7 | 46.7 |
| 保护制度和法规不够完善 | 15 | 100.0 |
| 缺乏对各利益相关者行为的有效的监督功能 | 14 | 93.3 |
| 拆迁时开发企业给拆迁户的经济补偿不合理 | 5 | 33.3 |
| 地方政府征地时给当地居民的补偿太少 | 4 | 26.7 |
| 对建筑遗产的认识不够，认为建筑遗产没什么价值 | 9 | 60.0 |
| 公众参与热情不高 | 15 | 100.0 |
| 绩效考核指标不合理，不能只考核经济是否增长 | 11 | 73.3 |
| 建筑遗产保护资金缺乏，无法进行合理保护 | 14 | 93.3 |
| 开发企业或施工单位责任意识不强，不愿主动承担保护责任 | 15 | 100.0 |
| 随着经济的发展，城市面貌需要变得更现代化 | 7 | 46.7 |

从表5.5统计结果可以看出，所有被调查者都认为利益不协调现象产生的原因是“不同利益相关者有不同的利益目标和利益诉求”“保护制度和法规不够完善”“公众参与热情不高”和“开发企业或施工单位责任意识不强，不愿主动承担保护责任”。并列排名第二的是“缺乏对各利益相关者行为的有效的监督功能”和“建筑遗产保护资金缺乏，无法进行合理保护”。并列排名第三的是“不同利益相关者的价值观念不同”和“绩效考核指标不合理，不能只考核经济是否增长”。排名第四的是“对建筑遗产的认识不够，认为建筑遗产没什么价值”。另外，作者从经济学的角度对建筑遗产保护各利益相关者之间利益不协调现象产生的原因进行的分析，发现外部性和失灵性也是导致各利益相关者之间利益不协调现象产生的

原因之一。因此，在对各利益相关者之间利益不协调现象产生原因的分析中，作者加入了这一原因，加上调查问卷得出的 8 个原因，一共是 9 个原因。经过对这 9 个利益不协调现象产生原因的归纳、分析和总结，建筑遗产保护的各利益相关者利益不协调现象产生的原因具体表现为以下几个方面：

### 5.2.1 建筑遗产保护的法规不健全，保护资金缺乏

国家相关部门关于建筑遗产保护的法律和法规体系不健全、不完善，地方关于建筑遗产保护的规划立法和政策也滞后于当地保护的实践。依照国际经验：政府会在宏观性和指导性的层面进行决策、组织、统筹。政府应树立文化民主的意识，为公众真正地提供参与的空间、参与的便利和制度化保障，建设通达的民意表达渠道与民主决策机制，使公众能够直接参与保护建筑遗产，以充分获取来自老百姓的草根智慧，激发他们的文化自觉。而这些在我国目前的建筑遗产保护领域非常欠缺。建筑遗产保护的法制环境和文化环境的不健全，更加剧了政府的不恰当行为和建筑遗产的破坏程度和速度。

从国家层面来看，我国虽然有《文物保护法》《中华人民共和国城市规划法》等法律，但因这些法律本身不够完善，导致开发企业和施工单位直接在施工现场把建筑遗产破坏掉。因为按照《文物保护法》的规定，如果在施工工地发现文物，则考古、勘探、挖掘等的费用需要建设单位自己承担。但是，很显然，建设单位是不愿意拿出这笔费用的，所以，如果建筑工地上有文物建筑，直接毁掉的成本对他们来说是最低的，加之目前为止我国还没有关于建筑遗产的确切定义和保护方法，没有对政府和建筑遗产所有者关于建筑遗产保护的职责进行明确的规定，没有保护建筑遗产的鼓励措施等原因，共同促成了各利益相关者未能有较好保护建筑遗产的行为。另外我国的相关法律法规对文物保护资金到底由谁负责语焉不详。比如《文物保护法》第二十一条中的关于国有、非国有、所有人是谁，由于至今尚未建立建筑遗产保护名录，所以短期内很难界定，这也造成了建筑遗产保护的难度。

从地方层面来看，我国很多城市都未出台详细的关于保护建筑遗产的地方性法规或规章，比如重庆。目前，重庆市关于建筑遗产保护的法规有《重庆市实施〈中华人民共和国文物保护法〉办法》(2005 年)、《重庆市人民政府关于加强优秀近现代建筑保护和利用的通知》(2008 年)、《重庆市人民政府办公厅关于优秀近现代建筑规划保护的指导意见》(2013 年)等共 10 个关于建筑遗产保护的法规、规章及规范性文件。重庆市在城市总体规划中虽然对保护城市建筑遗产进行了确定，但还未明确建筑遗产的保护范围和详细的保护规划，对建筑遗产保护的法规和制度也不够完善，对不同利益相关者在城镇化过程中的地位和作用也没有进行明确的定义，特别是普通民众的利益还未得到足够的法律保证。法律法规的缺失和制度的不完善，使建筑遗产在轰轰烈烈的城镇化过程中被大片地拆除，城市风貌和格局遭到了前所未有的破坏。而一些发达国家在城市更新过程中始终注重通过法制框架的完善不断规范和引导城市更新运动，通过公开听证的方式，广泛征集社会各界关于建筑遗产保护的意见，这一做法在相当程度上减少并降低了政府决策的盲目性和错误率，较大程度地使建筑遗

产免于被破坏或毁灭。

此外,出于我国的机制体制的原因,建筑遗产的保护工作长期以来一直由政府部门全权包办,第三方社会力量和资金很难涉入,造成了建筑遗产保护工作的资金来源渠道单一,数额缺乏的现象。政府要保护的建筑遗产数量非常多,财政拨款远远不能满足保护经费的需要。

### 5.2.2 不同利益相关者的利益目标和利益诉求不同

在城镇化过程中,不同利益相关者伦理观念上的差异导致了他们的利益诉求不同、心理预期不同、利益目标不同,因此对待建筑遗产的态度不同,各利益相关者获取经济利益的手段也不同,有的利益相关者如开发企业会超出他的伦理道德的界限去获取更多的经济利益。各利益相关者对获取利益方式上的认识偏差以及价值取向和信念的不同产生了伦理观念上的冲突。如果没有一个共同的伦理道德准则约束他们的行为,某些利益相关者为了达到自己的利益目标,就会不可避免地使其他利益相关者的利益受损。当利益主体所分配到的利益没有达到自己的预期时,利益相关者之间的矛盾和冲突便会产生。各利益相关者之间利益不协调现象产生的最根本原因是各利益相关者存在自利倾向,缺乏伦理道德中的"他意识"。保护建筑遗产不仅是生产和科学技术问题,而且涉及伦理道德。伦理道德是一个国家或社会主流的价值标准、伦理观念等对社会大众行为的影响及约束,它虽然不是通过法律制度体现出来的,但它却深深地根植于一个社会的文化之中,具有广泛的社会认同感和潜在的约束力。现代伦理中的自律成分可以使利益相关者在博弈中不至于置自身责任和社会及其他人的利益不顾,而一味地追逐利益最大化。因此,通过伦理审视和道德评判,可以为构建建筑遗产保护所涉及的各利益相关者之间的利益协调机制提供更为清晰的方向和思路,使所构建的利益协调机制能够体现整个社会的伦理道德精神,加强各利益相关者的系统利益观的培养,促进建筑遗产保护工作的可持续发展。伦理问题包括生态伦理(也称环境伦理)和经济伦理。

### 5.2.3 各利益相关者的责任意识不够,参与性不强

在目前我国政府包揽型的建筑遗产保护方式下,政府相关部门没有把建筑遗产保护的必要性和意义、建筑遗产的保护情况(如保护的资金情况、保护中遇到的困难等)告知利益相关者,导致他们不了解也未支持建筑遗产的保护工作。同时,政府相关部门也没有培育社会组织和社会公众参与建筑遗产保护的责任意识和能力,公众参与建筑遗产保护的机会较少。开发企业在城市更新改造中疯狂逐利,而地方民众则抱着"事不关己,高高挂起"的心态,对建筑遗产的破坏行为采取漠视态度,面对开发企业的大拆大建,地方民众包括媒体对此视而不见。政府包揽型模式不能唤起利益相关者的责任意识,地方政府也只是为了自己的政绩一味地发展地方经济。

目前,我国的建筑遗产保护工作存在着公众参与手段单一、参与的广度与深度有限、参与形式表面化、政府干预思想严重、对公众参与的激励不够、公众与决策层之间缺乏沟通和理解等问题。政府对公众参与认识上的偏差和错误定位,导致了我国政府在建筑遗产保护方面大包大揽的现象,出现了一些“好心帮倒忙”的不良后果。

### 5.2.4 绩效考核指标、考核方式不合理

在现有政治体制下,地方政府官员主要由上级任命,政绩也主要由上级评价,上级政府针对某官员的考核主要是看该官员任期内所辖地区的经济增长情况。地方政府主要官员在其任期内提高该地区的GDP是其理性的选择,目前我国上级政府对下级政府的绩效考核主要集中于经济类指标的考核,如地方国内生产总值、地方财政收入、地方就业水平等,忽视了地区长远利益、全局利益和持续发展潜力的培养,缺乏对政府长期发展目标、可持续发展能力等方面的考核。现有的绩效考核体系中,过分强调经济的增长,却对经济发展质量关注不够。地方政府的任期制度和不完善的政绩考察制度,使地方政府具有机会主义的倾向,在单一考核指标的指引下,在任期内过分关注经济政绩和社会安定,地方政府官员在任期内只“种好自己的一亩三分地”,而不愿做“自己栽树,别人乘凉”的事情,地方政府会不惜牺牲当地的社会利益换取经济利益,少数官员甚至会追求华而不实的“政绩工程”“形象工程”,只上那些投资周期短、收益见效快的项目,而对那些投资周期较长并对社会的中长期发展有益的事务,在没有外力的强制或约束下,一般不会作为重点进行投资。经济业绩逐渐成为政府政绩考核和主要领导人选拔、任用的重要依据。对于地方政府而言,建筑遗产保护绩效考核的缺失和不完善是各级、各地政府及时转变发展理念的一个机制上的障碍。

另外,我国现有的对地方政府的绩效考核还存在考核指标彼此孤立、考核程序不完善、考核方法不科学、参与度不够、透明度不高等弊端。在考核方式上,我国采用的是上级对下级的考核,没有引入平级和下级对上级的考核方式,广大民众也不能参与对政府进行的考核。这种上级考核下级的方式暴露了一些不足,存在部分下级政府为了达到较好的考核结果,牺牲社会长远利益,欺上瞒下,报喜不报忧,片面追求经济利益,在当地经济总量上升的同时破坏了当地的生态环境和历史环境。

### 5.2.5 监督功能较弱,惩处机制不完善

监督功能包括行政监督功能和社会监督功能。监督功能的强弱直接关系到整个行政体系能否正常运行。目前,在我国建筑遗产保护领域,相关法律对建筑遗产的监督程序、监督手段、惩处办法等内容缺乏明确的规定,监督机制、惩处机制薄弱,使大量的建筑遗产遭到破坏。现存的政策、法规和制度也没有对拆毁和破坏建筑遗产行为的惩罚及责任的承担进行严格的约定,这从一定程度上纵容了地方相关政府部门和开发企业对法律法规视而不见的行为。如果加大对拆毁和破坏建筑遗产行为的惩罚力度,就会使更多的建筑遗产逃脱这种

厄运。在这一点上,广州的做法值得借鉴。2013 年,广州出台了《广州市历史建筑和历史风貌区保护办法(草案)》(以下简称《草案》),对建筑遗产的保护程序进行了更为严格的规定,比如"建筑遗产保护名录除经市政府批准还需同步报省政府核定""建筑遗产的撤销应报省政府核定"等,这样的规定让开发企业不敢再私自拆毁建筑遗产。假如开发企业"擅拆建筑遗产,或按建筑价值 3 ~5 倍罚款",高额的罚款会让开发企业难以承受。毫无疑问,《草案》的实施增加了建筑遗产的保护系数和保护力度,降低了建筑遗产被误拆的风险。据报道,自从《草案》实施以来,广州乱拆乱建的现象有所缓解,很多建筑遗产都被较好地保护下来。

## 5.2.6 外部性和失灵性

本书引用外部性理论中的外部不经济来说明利益不协调现象产生的原因。外部性理论是一个重要的经济学概念。外部性实际上是由一些经济主体采取的某些行为或制订的决策造成了其他经济主体在成本或利益上的增加,或给社会带来的影响。如果某个经济主体在其活动中产生的社会效益大于其私人收益,就认为其是外部经济的,否则就认为其是外部不经济的(因为给社会带来了负的外部影响)。从表面上看,对建筑遗产进行修复、改造和更新的花费大于夷平重建,但如果房地产企业的眼光放得长远一点,就会发现保护、利用建筑遗产不仅会为其带来经济利益,更为可贵的是,还会为当地带来不可比拟的社会财富。通过保护和利用建筑遗产,带动当地旅游业的发展,传承和弘扬当地历史文化,提高人们对当地文化的认同感是外部经济的。

如果在城镇化过程中,开发企业拆除建筑遗产、建设高容积率的新建筑来增加他们的经济收益,就是外部不经济,也就是有负外部性存在。与此同时,他们破坏了城市的历史文脉,在同一地块增加了人口密度,超出了环境承载能力,也会产生巨大的外部不经济性[129]。由于外部不经济会增加社会和个体负担,而现实生活中,开发企业在施加负担的同时并没有担负起自己应负的责任,因此人们对外部不经济关注得更多。正是因为外部不经济的存在,加上微观主体具有逐利本性,所以开发企业在城镇化过程中会无限追求自己的利益最大化,即在城镇化过程中不考虑保护建筑遗产,而是以损害社会公共利益为代价换取自身的经济利益,他们的这一行为是与地方政府的建筑遗产保护目标相矛盾的。

在我国目前普遍存在的以经济发展为目标的政策导向下,当保护建筑遗产与发展当地经济冲突时,地方政府往往会优先选择发展地方经济,导致建筑遗产保护中的"政府失灵"。政府失灵是一种客观存在的现象,表现为政府不能正确地发挥作用和政府治理质量的下降。政府失灵也是当前利益相关者利益不协调现象的主要原因。

## 5.2.7 对建筑遗产的价值认识不够

大量建筑遗产被破坏或拆除的主要原因之一是利益相关者对建筑遗产的价值认识不够。建筑遗产的价值是多元的。首先,建筑遗产具有历史价值和科学技术价值,它们不仅见证了城市的历史和人们的日常生活，建筑遗产本身的规划设计理念、建筑技术和建筑材料的选用等，全面反映了当时社会生产力的发展水平。其次，建筑遗产还具有一定的使用价值（再利用价值）和文化艺术价值，通过对建筑遗产的保护性再利用，可以充分发挥建筑遗产的使用价值，建筑遗产表达出的艺术风格带有时间烙印，具有时代特征，表现出了当代大众最普遍的审美观和审美情趣。不同时期的建筑反映了当时人们的生活方式和那个时期的社会文化，是城市历史文化的一种体现和积淀。

在近些年的城市更新改造中，人们没有全方位、多角度地认识到建筑遗产的价值和作用，没有认识到其背后蕴含的巨大经济利益和社会效益，一味地追求“现代化”的城市形象和巨大的经济利益，导致了政府工作中的“缺位”“错位”管理现象和开发企业的随意开发现象。实际上，标志性的地段、标志性的建筑都有可能会成为一个城市的名片和象征，如悉尼歌剧院、上海东方明珠等。

## 5.3 各主要利益相关者之间的利益博弈

本章引入博弈论的研究方法来剖析城镇化过程中建筑遗产保护所涉及的利益相关者之间的利益不协调现象产生的根源，为构建合理的利益协调机制提供思路。

如前所述，城镇化的公益要求与地方政府的功利动机、开发企业的逐利本性之间存在着一定的利益冲突。建筑遗产具有的多样化价值使得社会各方对其采取的态度不同，信息的不对称现象导致了利益相关者之间博弈行为的产生。因此，建筑遗产保护工作是政府（包括中央政府和地方政府的规划局、文物局、建委的文物处等部门）、当地居民、开发企业、学界等利益相关者之间综合博弈的结果。要想使他们之间维持一种协调关系，只有在政府的主导下，通过平衡、协调各利益相关者的力量和利益关系，使各利益相关者尤其是主要利益相关者的利益处于一种相对平衡的状态，才能达到共赢的局面，才能有利于建筑遗产的保护。法国在这方面的做法值得我国借鉴。法国的历史文化遗产保护具有相当的水准，这是因为法国政府不断地采取各种措施协调各种利益和关系，对不利于建筑遗产保护的行为进行“干预”，如平衡社会各阶层的利益、协调人民与政府的关系等。

下面分别建立利益相关者之间的博弈模型，借用博弈论策略选择、结果最优的思想，分析各利益相关者之间的主要利益冲突，为建立各利益相关者之间的利益协调机制提出解决方案。

### 5.3.1 中央政府与地方政府之间的不完全信息动态博弈

#### 1）参与人的行为取向

地方政府和中央政府的博弈更多地表现在对建筑遗产的态度上。对于地方政府而言，由于城市更新的巨大好处，他们进行城市更新的动力和积极性都很高，这一点与中央政府的利益是一致的。中央政府以社会发展效益为最终目的，不仅考虑城市更新所带来的经济增长，也重视城市更新中建筑遗产和城市文化的保护，是长远目标。地方政府以经济收益为直接目的，许多地方政府为了达到增加本地区 GDP 和地方税收的目的，偏离了建筑遗产保护的方针和政策。近年来的大拆大建就是这一目的的直接体现。地方政府部门本应依照国家文化遗产保护的法律、法规和政策，配合文物保护及管理部门对建筑遗产保护工作实施统一的监督和管理，对违法企业进行查处。然而，一些地方政府为了达到自己短期的经济目标，对拆除建筑遗产行为视而不见。地方政府的这一做法助长了开发企业无视建筑遗产和城市文化的保护，他们肆意地用推土机推断了城市的历史、割断了城市的文脉。中央政府和地方政府间的不同利益目标，使他们的行为方向发生了偏离，形成了地方政府"上有政策，下有对策"的情形。

### 2)模型的提出

一般而言，首先是中央政府先制定政策，然后地方政府再针对中央政府的政策制定相应的对策。由于存在先后顺序，所以这种博弈属于动态博弈。而作为"对策者"的地方政府往往对中央政府的策略并非全面了解，因此此种博弈属于典型的不完全信息动态博弈。在现实生活中，公共政策的制定过程本质上就是一种博弈过程。在公共政策的制定阶段，不管是中央政府还是地方政府，都会根据自己的利益要求和利益得失制定相应的政策。

在"上有政策，下有对策"的博弈过程中，首先做以下假设：

①地方政府和中央政府作为理性的"经济人"，都把追求自身利益最大化作为主要目标，使自己的利益目标得到满足。

②假设地方政府在执行中央政府相关政策中，对建筑遗产采取"拆毁"和"保护"两种策略，中央政府针对地方政府的违规行为采取"打击"和"不打击"两种策略。中央政府采取的"打击"和"不打击"策略是基于地方政府的行为作出的。

③由于信息不对称，而且中央政府对地方政府的行为缺乏制度约束，地方政府会有机会主义行为倾向，他们会为了追求自身利益的最大化而损害中央政府的利益。

④不管是地方政府还是中央政府，各方都不清楚对方的行为和策略选择以及结果等，因此属于不完全信息动态博弈。

⑤博弈过程中的收益、成本信息，如表 5.6 所示。

**表 5.6　收益、成本信息**

| | |
|---|---|
| $b$ | 地方政府在拆毁重建中的收益，其中 $-b$ 表示采取保护的收益 |
| $b_1$ | 中央政府在建筑遗产保护中的收益 |
| $b_2$ | 中央政府由于地方政府采取拆毁重建行为获得的收益 |
| $c$ | 中央政府打击地方政府违法拆毁重建方面付出的成本 |

续表

| | |
|---|---|
| $c_1$ | 由于中央政府未打击地方政府的拆毁行为而产生的损失 |
| $c_2$ | 由于中央政府的打击行为致使地方政府遭受的损失 |
| $p$ | 地方政府违规拆毁重建被中央政府查处的概率 |
| $c_3$ | 地方政府为避免中央政府的打击行为的额外支出 |

其中，$c_1$ 主要表现为地方政府未贯彻执行中央政府的决议、决策而产生的隐性成本；$c_2$ 主要表现为由于中央政府的处罚或被媒体曝光而使地方政府形象受影响所产生的直接成本和机会成本。

图 5.2 表示了双方的动态博弈关系。其中，ZYZF 表示中央政府，DFZF 表示地方政府。$b-c_2p$ 表示地方政府拆除建筑遗产重建后获得的收益；$b_2-c$ 表示中央政府处罚地方政府未保护建筑遗产行为中获得的收益；$b-c_1$ 表示地方政府未保护建筑遗产但并未受到处罚时地方政府的隐性收益；$b_2-c_1+c_3$ 表示中央政府由于地方政府未保护建筑遗产而对其进行处罚时得到的收益。

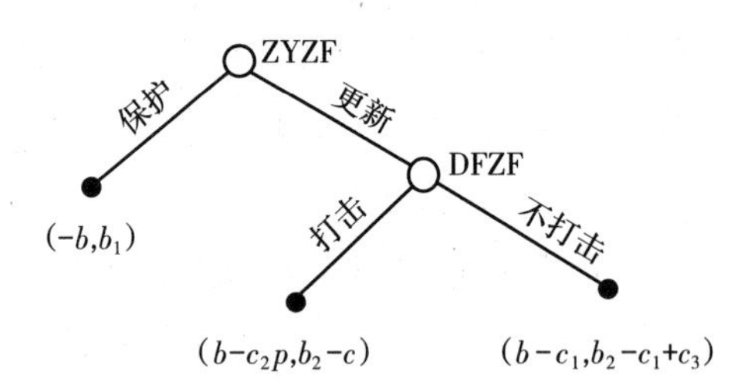


**图 5.2 “上有政策，下有对策”博弈**

### 3)模型求解

在中央政府和地方政府的博弈中，如果地方政府执行中央的政策，在城镇化中对建筑遗产选择“保护”的策略，则双方的博弈就不会存在。而实际上，在城市更新中，地方政府往往从自己的利益和政绩角度考虑，支持开发企业“拆毁重建”，即拆除建筑遗产，在该地块按照自己的规划新建建筑物来获取更大的经济利益。这时，中央政府为了维护社会利益，会针对地方政府的行为选择合适的策略，即选择“打击”策略还是选择“不打击”策略。依据逆推归纳法，中央政府会在比较选择“打击”策略或选择“不打击”策略两种情况下的利益大小后采取相应的策略，即比较 $b_2-c$ 与 $b_2-c_1+c_3$ 的大小。

①如果 $b_2-c_1+c_3>b_2-c$，即 $c_3+c>c_1$，中央政府应该采取的最佳策略是“不打击”。

②如果 $b_2-c_1+c_3<b_2-c$，即 $c_3+c<c_1$，中央政府应该采取的最佳策略是“打击”。

在第二种情况下，由于地方政府没有执行中央的政策，会给地方政府带来一定的损失或不良后果，如城市文化的丧失和资源的浪费等。很明显，这些损失远远大于中央政府打击地方政府而花费的成本。因此，中央政府在衡量社会整体利益得失后必定选择“打击”的策略。

例如,中央政府可以采取往地方派遣专门检查小组、设立举报监督电话等方法监督地方政府是否执行了中央政府的政策和政策执行情况怎么样等。尽管如此,地方政府并非一定会迫于中央政府的“打击”行为而采取“保护”的策略。此时,地方政府面临的约束条件将是$-b$与$b-c_2p$之间的比较结果。同样,两种情况如下:

③若$-b>b-c_2p$,即$b<\frac{c_2p}{2}$,地方政府采取的最佳策略是“保护”。

④若$-b<b-c_2p$,即$b>\frac{c_2p}{2}$,地方政府采取的最佳策略是“拆毁更新”。

以上两种情况,第二种情况在现实中更为常见,如果考虑中央政府最佳选择的策略,(拆毁重建,打击)组合是中央政府和地方政府不完全信息动态博弈的子博弈的完美均衡。

### 4)博弈结论分析

上述均衡解是非合作状态下产生的均衡,是由双方的最佳策略构成的,因此,这种均衡是一种非常稳定的均衡。在这种均衡状态下,如果给定了其他参与人的策略,每个利益主体都选择自己的最优策略来确保自己的利益。虽然中央政府和地方政府都是经过了理性思考而采取的最佳策略,但是他们的这种选择会使他们双方陷入与“囚徒困境”类似的状态。“囚徒困境”是个体理性行为导致集体的结果非最优,结果使得双方的这种均衡成为一种无效的均衡,给社会资源造成一定的破坏或浪费。

前面所说的中央政府和地方政府采取的“打击”或“不打击”、“拆毁重建”或“保护”行为是他们经常采取的、较为常见的策略之一。实际上,对待建筑遗产保护问题,他们双方有多种多样的策略可选择。但不管采取何种策略,中央政府考核地方政府的业绩导向决定了地方政府会遵循利益最大化原则来选择自己的策略,这是地方政府决策的前提。换句话说,只要能使自己的利益最大化,不管这种决策是否执行了中央政策,地方政府都会选择这种决策,甚至地方政府会主动采取各种措施阻挠或避开中央政策的执行。

因此,要使地方政府能够执行中央政府的政策,就必须使$b<\frac{c_2p}{2}$成立,也就是说让地方政府在不执行中央政策时的收益小于其违规的成本。当地方政府在获取收益一定的情况下,只要使$c_2$或$p$的值增大,也就是说,增大地方政府不执行中央政策而承受的成本,使其成本大于其投机行为(拆除建筑遗产)获得的收益,地方政府就会丧失其违规的动力而不会对拆除建筑遗产的行为不管不顾。这里的成本$c_2$包括由于中央政府对地方政府违规行为的打击而使地方政府承受的损失,也包括中央政府对地方政府的违规行为进行的处罚,还包括地方政府由于不执行中央政府的政策而丧失的中央政府对他的经济补偿或政策方面的优惠。而被查处的概率$p$是指地方政府在变通执行中央政府政策时被中央政府相关监督部门查处的概率。

## 5.3.2 地方政府和开发企业的完全信息静态博弈

### 1)参与人的行为取向及博弈模型的建立

在城镇化过程中,开发企业为了实现自身利益的最大化,他们会拆除建筑遗产,重新建设高密度、高容积率的新建筑,而地方政府代表着社会的利益,因此,便产生了以利润最大化为目标的开发企业的理性(即个体理性)与地方政府代表的社会理性(即整体理性)之间的冲突。当这种冲突发生时,在地方政府和开发企业之间就形成了一种博弈,地方政府职能部门必然要与代表个体理性的开发企业进行对话和协商,在此过程中,双方都会根据对方的策略来选择自己的行为。下面的完全信息静态博弈模型表明在现有政策、制度和机制不变的条件下,在对待是否保护建筑遗产这一问题上,地方政府和开发企业间的利益冲突、利益相互取代的情况以及协调两者间利益的方法。

首先做出如下假设:

①双方参与人的利益关系呈对立状态。

②两个参与人具有完全信息,即开发企业对地方政府的政策有深入了解,同时地方政府对现有制度下开发企业的对策也有足够了解。

③在建筑遗产保护博弈中,地方政府可制定“检查”和“不检查”的策略,开发企业可采取“守规”和“违规”的策略。

④符号说明及其他假设,如表5.7所示。

**表5.7 符号说明**

| 符号 | 说明 |
|---|---|
| $p$ | 地方政府监督机构检查的概率 |
| $q$ | 开发企业守规开发的概率 |
| $A$ | 开发企业守规开发时地方政府的收益 |
| $c_1$ | 地方政府的检查成本 |
| $c_2$ | 开发企业违规开发的罚款 |
| $B$ | 开发企业违规开发时的额外收益 |

同时,假设开发企业守规开发时的总收益为0。地方政府与开发企业的博弈矩阵如表5.8所示。在表5.8中,$A-c_1$ 表示开发企业守规开发,即不乱拆乱建时地方政府的净收益;$A-c_1+c_2$ 表示开发企业违规开发,即乱拆乱建时地方政府的净收益;$B-c_2$ 表示开发企业违规开发,即乱拆乱建时的净收益。

**表 5.8 政府与开发企业之间博弈模型支付矩阵**

| | | 开发企业 | |
|---|---|---|---|
| | | 守规 | 违规 |
| 地方政府 | 检查 | $A-c_1,0$ | $A-c_1+c_2,B-c_2$ |
| | 不检查 | $A, 0$ | $A, B$ |

说明:表中的“守规”表示开发企业严格遵守地方政府和中央政府的政策进行房地产开发,保护了建筑遗产;“违规”表示开发企业在开发房产时没有严格遵守地方政府和中央政府的政策,对建筑遗产进行了拆除或破坏。

## 2)模型的求解及分析

给定 $q$,其中 $q$ 表示开发企业守规开发房地产的概率(可能性),对地方政府监督机构而言,其预期收益为:

$$q(A-c_1)+(1-q)(A-c_1+c_2)=qA+(1-q)A$$

解得:

$$q=1-\frac{c_1}{c_2} \tag{5.1}$$

给定 $p$,其中 $p$ 表示地方政府监督机构检查的概率,对于开发企业而言,其预期收益为:

$$p(B-c_2)+(1-p)B=0$$

解得:

$$p=\frac{B}{c_2} \tag{5.2}$$

因此,混合战略纳什均衡解为:

$$q=1-\frac{c_1}{c_2}, p=\frac{B}{c_2}$$

由上可知,地方政府监督机构检查的概率以及开发企业守规开发房地产的概率取决于违规开发房地产行为给开发企业所带来的额外收益 $B$、监管成本 $c_1$ 和对开发企业违规的处罚额 $c_2$ 等多个因素。具体分析如下:

①由式(5.1)可知,开发企业违规开发的概率 $q$ 取决于地方政府的检查力度 $c_1$ 和处罚力度 $c_2$。地方政府在检查中投入得越多,对违规开发行为处罚得越严厉,开发企业违规开发的概率就越小。

②由式(5.2)可知,地方政府检查的概率 $p$ 与违规开发房地产给开发企业所带来的额外收益 $B$ 和对开发企业违规的处罚额 $c_2$ 有关,额外收益 $B$ 越高,处罚额 $c_2$ 越小,则地方政府检查的意愿越强烈。

③由表 5.6 可知,当 $c_2-c_1>0$ 时,地方政府有检查的愿望;当 $B-c_2>0$ 时,开发企业会选

择“违规”开发的策略。

因此,地方政府在决定惩罚力度时,要抓住主要矛盾,通过制定地方政策和措施使各方面的利益得到均衡,维护法律的权威,实现其监督管理的职能。

### 5.3.3 开发企业与民众之间的“囚徒困境”博弈

#### 1)参与人的行为取向

建筑遗产保护工作需要有当地居民的参与才能更完整更有效。地方政府在长期层面上追求社会发展效益,在短期层面上追求经济利益,因此在建筑遗产的保护过程中必须很好地均衡开发企业和当地居民的利益。开发企业在长期层面参与城市的建设,在短期层面实现利润最大化,必要的时候必须让利于当地居民,以求得民众的积极支持和参与。当地居民目前追求经济利益,但在其认识水平提高之后,可能会提出文化空间和文化享受的要求,因此当地居民需在经济利益和文化享受之间权衡其利益得失。从三者的价值取向可以看出,地方政府、当地居民和开发企业在对经济利益获取这一目的上,短期内可以达成一致,因此开发企业与居民的博弈在本质上是双方利益的博弈。当双方都采取极端措施时,损人也不利己,双方利益得不到均衡,地方政府应尽量避免这种情况发生。通过建立两者之间的博弈模型,可以分析两者之间利益冲突的关键所在,以便有针对性地提出协调两者之间利益关系的措施。

#### 2)博弈模型的建立

开发企业与当地民众的利益博弈类似于“囚徒困境”。通过分析在建筑遗产保护工作上开发企业与当地民众之间利益冲突的关键所在,提出针对他们之间“囚徒困境”的解决办法。

首先做出如下假设:

①参与人有两个,即开发企业和当地民众。在城镇化过程中,开发企业与当地民众的利益关系呈对立状态。

②信息及环境。两个参与人具有完全信息,即开发企业对当地居民有足够了解,同时当地居民对开发企业的开发动向也有深入了解。

③开发企业努力的方向主要是征得当地居民的积极配合,以实现其利益追求,给予当地居民足够的经济补偿,满足他们的利益目标。

④参与人策略。在建筑遗产保护利益博弈中,开发企业可以采取“守规”和“违规”两种策略,当地居民可以采取“配合”和“不配合”两种策略。

⑤符号说明及其他假设,如表5.9所示。

**表 5.9 符号说明**

| | |
|---|---|
| $a$ | 开发企业守规、当地居民积极配合的情况下两者的收益 |
| $b$ | 开发企业违规、当地居民不配合的情况下两者的收益 |
| $c$ | 开发企业守规、当地居民不配合的情况下开发企业的收益 |
| $d$ | 开发企业违规、当地居民配合的情况下居民的收益 |

同时：

a. 当开发企业守规、当地居民积极配合的情况下两者的收益(或满意度)相等。

b. 当开发企业违规、当地居民不配合的情况下两者的收益(或满意度)也相等。此时，开发企业与当地居民不能达成一致约定，各自采用只利于自己的策略，最终会导致两败俱伤，很明显，$a>b$。

c. 当开发企业守规、当地居民不配合的情况下，开发企业为满足当地居民的利益以征得他们的积极配合，房地产企业会把一部分利益让与当地民众，因此，$a>c$。

d. 同样，在开发企业违规、当地居民配合的情况下，开发企业可能会为了追求自己的利益而剥夺当地居民的利益，因此，$d>a>c$。所以，假设在这种情况下，开发企业和当地居民的收益与前面第三种情况的收益相反。

由此，开发企业与当地居民的博弈矩阵如表 5.10 所示。

**表 5.10 开发企业与当地居民的博弈支付矩阵**

| | | 当地居民 | |
|---|---|---|---|
| | | 配合($C$) | 不配合($D$) |
| 开发企业 | 守规($A$) | $a,a$ | $c,d$ |
| | 违规($B$) | $d,c$ | $b,b$ |

求解可知，纳什均衡为($B$, $D$)，即开发企业采取“违规”策略，当地居民采取“不配合”的策略，双方都为了追求个体最优而破坏了集体最优，最终导致了“囚徒困境”的发生。

### 3)走出“囚徒困境”的策略

每一种“囚徒困境”都是一种社会两难问题。地方政府要实现其经济和社会职能，使各方的利益最大化，就必须采取一定的措施来避免开发企业和当地居民陷入“囚徒困境”。针对此困境，有以下应对措施。

①利用协议。开发企业事先与当地居民达成集体最优协议，使双方的整体效益达到最大，即协议规定双方必须采取策略集($A$, $C$)，即开发企业“守规”，当地居民“配合”。

②借助国家的强制措施。地方政府应在充分考虑各方利益后，强制双方采取策略集($A$,$C$)，即通过双方合作实现整体利益最大化。

③借助伦理道德的作用。一方面,地方民众不能因为追求自身的利益而在开发企业采取"守规"的情况下故意采取"不配合"的策略来迫使开发企业让利;另一方面,开发企业也不能在地方民众"配合"的情况下采取"违规"策略来剥夺民众的利益。这两种行为都是不道德的,应当受到谴责。

④建立一套奖惩机制。"囚徒困境"的本质在于 $d>a>c$,所以要避免此困境,就必须致力于打破 $d>a>c$ 这一条件。只要开发企业采取"违规"策略,当地居民采取"配合"策略,就应给予当地居民奖励,给予开发企业惩罚,以迫使开发企业改为"守规"策略,民众保持"配合"策略,最终实现两者的合作共赢。引入合作困境的奖赏矩阵或合作困境的惩罚矩阵后,新的博弈矩阵如下:

**表 5.11　加上奖赏矩阵后的博弈矩阵**

| | | 当地居民 | |
|---|---|---|---|
| | | 配合($C$) | 不配合($D$) |
| 开发企业 | 守规($A$) | $a+e,a+e$ | $c+e,d$ |
| | 违规($B$) | $d,c+e$ | $b,b$ |

**表 5.12　加上惩罚矩阵后的博弈矩阵**

| | | 当地居民 | |
|---|---|---|---|
| | | 配合($C$) | 不配合($D$) |
| 开发企业 | 守规($A$) | $a+e,a+e$ | $c+e,d$ |
| | 违规($B$) | $d,c+e$ | $b,b$ |

其中,$e$ 表示给予采取配合(或守规)策略那一方的奖励或者不配合(或违规)那一方的惩罚。只要满足 $a+e>d$,或者 $a>d-e$,新的博弈矩阵的均衡解就是$(A,C)$,即双方采取合作的策略。

⑤引入竞争机制。这实际上是对"囚徒困境"的利用。当地方政府为保护民众利益时,可利用此方法。例如,地方政府欲将两处房地产开发项目交给一个开发企业,每一处的开发成本为6亿元,而市场价格为10亿元。为了节省当地居民的开支,按照8.5亿元的价格交给两个开发企业经营,如果某个开发企业不愿经营,则由同一个开发企业经营。于是得到博弈矩阵如表5.13所示。

**表 5.13　开发企业"囚徒困境"的博弈矩阵**

| | | 开发企业乙 | |
|---|---|---|---|
| | | 8.5 亿元 | 10 亿元 |
| 开发企业甲 | 8.5 亿元 | 8.5 亿元,8.5 亿元 | 17 亿元,0 |
| | 10 亿元 | 0,17 亿元 | 10 亿元,10 亿元 |

不难看出,该博弈的均衡解是(8.5亿元,8.5亿元)。这时的总支出是17亿元,相比引入竞争机制以前节省了3亿元,即20亿元-17亿元=3亿元。

由以上模型分析可知,地方政府在建筑遗产保护问题上,要充分考虑各方利益,采取对应的措施,使各方的博弈过程由非合作博弈走向合作博弈才是最佳策略。

## 5.3.4　中央政府、地方政府与开发企业三者的完全信息静态博弈

### 1)参与人的行为取向

在中央政府、地方政府和开发企业3个利益相关者中,中央政府是建筑遗产的委托人,它的职责是制定中央层面的政策。地方政府是中央政府的代理人,负责监督和管理开发企业的行为,地方政府通过执行中央政府的政策代其行使管理职能。在此过程中,地方政府也会制定地方层面的政策来约束开发企业的行为。而开发企业则负责经营,它与地方政府共同拥有对建筑遗产的处置权。在城镇化过程中,三者各自的利益目标不同。有些情况下,地方政府与开发企业具有共同的利益目标,他们的关系此时很容易变成代理人和寻租者的关系,他们之间也很容易达成合作博弈,因此,中央政府、地方政府和开发企业三方就构成了三方博弈。由于中央政府在利益上与他们没有共同点,因此,中央政府与地方政府或开发企业之间是非合作博弈的关系。这样,当中央政府与地方政府、开发企业的共同利益相抵触时,地方政府很容易与开发企业“串通”起来共同抵制中央政府的政策。显然,这样的结果不利于社会整体利益目标的实现。因此,有必要建立三者之间的博弈模型来分析问题的关键所在,以便于有效地考虑各个方面的利益需求,从而为制定合理的对策提供思路。

### 2)三方博弈模型的建立

在建立模型之前,需做以下假设:

①中央政府、地方政府、开发企业3个参与主体都是理性的主体。

②就信息而言,中央政府能及时深入地了解地方政府和开发企业的行为,地方政府和开发企业也能准确地得知中央政府的行动和目的,即三方信息完全对称。

③参与人的策略。假设中央政府对是否保护建筑遗产采取“监管”行为或“不监管”行为,在中央政府采取“监管”行为条件下,有可能出现地方政府与开发企业的“合谋”行为,确保他们经济利益的实现。有时,即使中央政府采取了“监管”行为,也会存在“未查出违规”这种情况。

④收益或成本的信息如表5.14所示。

**表5.14　符号说明**

| | |
|---|---|
| $A_1$ | 地方政府与开发企业合谋时地方政府的收益 |
| $A_2$ | 地方政府与开发企业合谋时开发企业的收益 |

续表

| | |
|---|---|
| $C_1$ | 地方政府与开发企业合谋时地方政府的成本 |
| $C_2$ | 地方政府与开发企业合谋时开发企业的成本 |
| $C_3$ | 中央政府的监管成本 |
| $M$ | 中央政府在另两方合谋后对地方政府的罚款 |
| $N$ | 中央政府在另两方合谋后对开发企业的罚款 |

⑤为了简化分析,另做以下假设:

a. 在中央政府不监管、地方政府和开发企业不进行合谋的情况下,三者的效用分别为 0,0,0;

b. 只有当地方政府与开发企业同时采取"合谋"政策时才称两者为合谋;

c. 不考虑中央政府的监管效率,即只要地方政府与开发企业合谋,且中央政府采取了"监管"的策略,就算是两者合谋。

根据以上假定,中央政府、地方政府和开发企业三方的战略博弈如表 5.15 所示。表 5.15 中,$A_1-C_1-M$ 表示地方政府与开发企业合谋时受到中央政府处罚后,地方政府获得的收益;$A_2-C_2-N$ 表示地方政府与开发企业合谋时开发企业的收益;$M+N-C_3$ 表示地方政府与开发企业合谋时中央政府获得的收益;$A_1-C_1$ 表示地方政府与开发企业合谋,但并未受到中央政府的处罚时地方政府的收益;$A_2-C_2$ 表示地方政府与开发企业合谋,但并未受到中央政府的处罚时开发企业的收益。

**表 5.15　三方战略博弈**

| | | 中央政府 | | | |
|---|---|---|---|---|---|
| | | 监管($F_1$) | | 不监管($F_2$) | |
| | | 开发企业 | | 开发企业 | |
| | | 合谋$_{开}$($L$) | 按规操作$_{开}$($R$) | 合谋$_{开}$($L$) | 按规操作$_{开}$($R$) |
| 地方政府 | 合谋$_{地}$($U$) | $A_1-C_1-M$,<br>$A_2-C_2-N$,<br>$M+N-C_3$ | $-C_1$,0,$-C_3$ | $A_1-C_1$,<br>$A_2-C_2$,<br>0 | $-C_1$,0,0 |
| | 按规操作$_{地}$($D$) | 0,$-C_2$,$-C_3$ | 0,0,$-C_3$ | 0,$-C_2$,0 | 0,0,0 |

说明:当在策略集($U$, $L$, $F_1$),即地方政府与开发企业合谋,中央政府采取监管政策时,由于中央政府能证实两者的合谋,因此会对他们进行相应的处罚。此时地方政府的收益为 $A_1-C_1-M$,即合谋带给地方政府的收益($A_1$)-地方政府合谋所需的成本($C_1$)-中央政府对地方政府的罚款($M$);开发企业的收益为 $A_2-C_2-N$,即合谋带给开发企业的收益($A_2$)-开发企业合谋所需的成本($C_2$)-中央政府对开发企业的罚款($N$);此时中央政府的收益为 $M+N-C_3$,即对地方政府的罚款($M$)+对开发企业的罚款($N$)-中央政府的监管成本($C_3$)。

### 3）模型求解及分析

一般情况下，$A_1-C_1>0$、$A_2-C_2>0$，即合谋带给地方政府和开发企业的收益大于其合谋成本。在求解纳什均衡解之前，需要讨论 $A_1-C_1-M$ 与 $A_2-C_2-N$ 的取值大小。

若 $A_1-C_1-M>0$、$A_2-C_2-N>0$ 且 $M+N-C_3>0$，则应用三方静态博弈的求解方法，不难找到该博弈的两个纳什均衡，即（$U, L, F_1$）和（$D, R, F_2$）。即当中央政府采取“监管”策略时，地方政府和开发企业都会选择“合谋”策略；当中央政府采取“不监管”策略时，地方政府与开发企业都选择“按规操作”策略。

显然，（$U, L, F_1$）均衡是一个强纳什均衡，即任何一方不顾群体利益擅自行动，都必然会蒙受损失。在这种均衡状态下，虽然中央政府也获得了收益，即罚款所得大于其监管的成本，但地方政府与开发企业的合谋不仅使双方都获得了利益，而且对中央政府的公信力造成了威胁，所以，从长远来看，这并不利于中央政策的实施。因此，中央政府应从长远利益考虑，采取进一步措施来严厉打击地方政府与开发企业的合谋行为，比如中央政府必须提高处罚力度，使他们每一方受到的罚款远远大于其合谋的收益，从而让他们失去合谋的动机。

对均衡（$D, R, F_2$）来说，虽然均衡解是地方政府和开发企业都“按规操作”，但很明显会发现当他们选择合谋时收益会显著增加，故他们同样会选择“合谋”，也就是说此均衡不是抗共谋均衡。中央政府要避免这种现象，最好的办法就是对其进行监管，并提高处罚力度。

若 $A_1-C_1-M<0$、$A_2-C_2-N<0$，则纳什均衡解只有（$D, R, F_2$）。但是由于 $A_1-C_1>0$、$A_2-C_2>0$，地方政府和开发企业仍然有合谋动机，因此中央政府的应对措施仍然是采取严厉的监管措施。

## 5.4 本章小结

本章运用伦理学、经济学等方面的知识，通过专家问卷调查的方法得出了各利益相关者之间的利益不协调现象及其产生的原因，为后续章节建立有效的利益协调机制，有效化解这些利益不协调现象或冲突打下了良好的基础。获取利益需要调动各利益相关者保护建筑遗产的积极性，这是解决他们之间利益不协调现象或冲突的有效途径，这就要求必须建立一个有效的利益协调机制来使他们的利益得到均衡和满足。本章还对各利益相关者进行了博弈分析，在建筑遗产保护中，仅仅依靠政府行政机制难以协调各利益相关者之间错综复杂的利益关系，只有在基于共同目标而达成的合作博弈机制之下，采取有效措施使各利益相关者正视利益，才能使他们之间的利益关系更为协调，否则建筑遗产就很难得到有效的保护。

# 6

# 多主体共同管治的利益协调机制

## 6.1 利益协调机制构建的目标和原则

### 6.1.1 利益协调机制构建的目标

在保护建筑遗产方面,一些利益相关者会存在一定的惰性,但对所有的利益相关者来说,追求经济利益是他们最大的动机。为了解决现行建筑遗产保护实践中存在的问题,就要建立一个良好的利益协调机制,用合理的利益协调机制激发各利益相关者保护建筑遗产的主动性和积极性。从理论上讲,一个设计合理的利益协调机制要具有激励兼容性,会兼顾每一个利益相关者的利益目标,各利益相关者的保护动机和保护积极性都能够被有效激发和充分调动,即使没有外在强制力,也能够使各利益相关者自觉自愿地保护建筑遗产。在这样的状态下,协同优势会得到充分发挥,保护建筑遗产和各利益相关者获得利益的目标就能够顺利达成。

根据本书第3章对利益协调机制的理解和界定,协调保护建筑遗产所涉及的主要利益相关者之间的利益关系,可以通过有效的法律法规、政策和伦理道德等手段,对保护建筑遗产所涉及的主要利益相关者的获利行为进行引导和规制,使利益在各利益相关者之间合理分配,最大限度地满足各利益相关者的利益诉求,促使城镇化过程中整体利益的最大化。在这个协调机制下,就算是每一个利益相关者都追求自身利益的最大化,也能够使建筑遗产被良好地保护下来。因此,应当做到以下两点:

首先,在这个利益协调机制下,各利益相关者能够各司其职、各负其责、协调合作,共同朝着建筑遗产的保护事业迈进。因此,所构建的利益协调机制应是科学、合理、可行的,能够解决目前城镇化过程中存在的大量建筑遗产被破坏的问题。

其次,所构建的利益协调机制应能够保证建筑遗产保护工作的可持续发展。

为此,本书针对我国现行建筑遗产保护机制存在的问题,结合第4章、第5章的分析和我国机制体制的特点,确定了政府主导型的利益协调方式。在政府主导之下,其他利益相关者积极参与、共同管治,共同承担保护建筑遗产的责任。在城镇化过程中,通过法律、法规和制度来约束各利益相关者的行为,通过政策来鼓励各利益相关者积极保护建筑遗产,克服传统管理体制下存在的监督不力、信息不对称等弊端。在这个协调机制下,各利益相关者之间互相制衡、互相监督,利益合理调配,从而达到建筑遗产保护工作和所有利益相关者的共赢,共同建立各利益相关者之间的和谐关系。

## 6.1.2 利益协调机制构建原则

保护建筑遗产所涉及的各利益相关者之间的利益协调机制的建立应遵循以下原则:

### 1)伦理均衡原则

保护建筑遗产是一项长期性的系统工程,然而在城镇化中对待建筑遗产的态度上,每一个利益相关者的利益要求存在着显著差异,在各利益相关者之间存在着经济利益与社会利益、短期利益与长期利益之间的矛盾。在协调利益相关者之间利益关系的问题上,应兼顾伦理均衡,遵守人们最普遍认同的价值标准、规范和伦理底线。伦理底线是指人们必须遵守的一些最起码或最基本的公共生活准则或最低限度的伦理共识,也称道德"金规"。利益协调机制的构建不能凭主观任意,要在培养系统利益观的基础上以人为本,按照我国和谐社会构建的目标和伦理道德要求,在科学、规范、合理的基础上构建,要能体现人道主义关怀,要尊重建筑遗产的伦理价值,使各个利益相关者之间的伦理目标达到均衡。对于政府而言,伦理均衡是指对各级官员的政绩考核要加入社会发展等目标,使保护资金能够专款专用;对于开发企业而言,伦理均衡表现为主动承担社会责任;对于当地居民而言,伦理均衡就是指通过公平合理的分配制度,增加当地居民的就业机会和商业机会,保护本地居民的利益。

### 2)平等兼顾原则

在城镇化过程中,在面对是否保护建筑遗产这一问题时,各个利益相关者都希望自身利益要求首先得到满足。各利益相关者不能只站在自身利益的角度来协调或解决利益冲突问题,而应本着"平等合作、双向互利"的原则,认真界定和分析利益不协调的因素。当个体利益与社会利益发生矛盾和冲突时,应优先考虑社会效益,采取合适的方式尽量先满足排序在前的利益要求,尽量在利益关系之间寻找到一定程度的均衡,在制定政策措施时明确各利益相关者的权利和义务,使其在保证建筑遗产"真实性和完整性"这一程度上具有共同的利益目标。否则,在城镇化过程中,建筑遗产就不会被较好地保护下来。

### 3)动态协调原则

对建筑遗产保护的问题,在不同发展阶段其主要利益相关者的构成和利益要求会发生变化。在面对众多利益相关者各不相同的利益要求时,不能为了某一利益相关者的利益而牺牲或忽视其他利益相关者的利益,应用动态的眼光来统筹、协调和关注每一个利益相关者的利益要求,让他们能够积极承担保护责任并公平地分享建筑遗产得到保护后所带来的利益,最终实现各利益相关者的共赢和整体利益的最大化。比如在城市更新改造中,地方政府和开发企业是保护建筑遗产的最主要的两个利益相关者,而一旦建筑遗产得到了有效保护,开发企业就不再是最主要的利益相关者了,这时候建筑遗产的经营者和管理者就会成为主要的利益相关者之一。在建筑遗产保护初期,当地居民会普遍关注经济方面的利益,但随着认识水平的提高,他们会更加关注环境和文化的因素。因此,在构建利益协调机制时,要使所构建的协调机制能够进行动态调整,优先实现各利益相关者最重要、最紧迫的利益要求。

### 4)合作共赢原则

在建筑遗产保护过程中,各个利益相关者之间相互影响、相互制约。不同利益相关者应该互相开诚布公地沟通和交流、增进了解,在追逐自身利益得到满足的同时,也让其他利益相关者的利益得到一定程度的满足,实现整体利益最大化。合作是共赢的基础,各个利益相关者都应积极参与到决策之中,有意识地履行自身责任,相互配合,共同保护好建筑遗产,实现各利益相关者的共赢是保护建筑遗产所涉及的利益相关者之间利益协调的最理想的状态。

## 6.2 多主体共同管治利益协调机制的构建

在城镇化过程中,在对待建筑遗产的态度上,建筑遗产能否得到有效保护依赖于各利益相关者之间是否能够和谐、持久地合作。任何一方实施机会主义的行为都可能使其他利益相关者的利益遭受损失,利益相关者对经济利益的过度追求和意识观念的偏差使得他们之间的利益产生了不协调的现象,甚至是利益冲突。如果没有一个能够协调和监督各利益相关者行为的有效机制和机构,那么在城镇化过程中,利益的冲突和建筑遗产的大量破坏就不可避免。因为各利益相关者之间的利益关系不可能实现自动协调,只有协调好各利益相关者之间的利益不协调现象,使相关者承担起超越经济目标的更广泛的社会责任,争取利益相关者之间最大限度的合作,才能在城镇化过程中保护好建筑遗产。

基于对利益相关者之间利益关系不够协调的认识,作者提出了多主体共同管治的建筑遗产保护利益协调机制,其目的是建立一个开放性的、多层面的利益协调机制来促使各利益相关者之间的合作,尽可能减少利益不协调现象,使之相互协调发展,从而实现城市更新中有效保护建筑遗产、保护地方文化的目的。

习近平主席在党的十九大报告中明确提出要打造共建共治共享的社会治理格局，建设国家现代治理体系，因此，以各级党委和各级政府为主体、各利益相关者共同参与的“多元共治”成为时代的呼唤。多主体共同管治不同于自上而下的金字塔式的控制，也不同于市场化中的各自为政，而是强调各利益相关者之间的沟通、协调和合作，这种协调机制为建筑遗产保护中社会组织和私人的介入提供了更大的政策空间。多主体共同管治利益协调机制有利于最大限度地兼顾各利益相关者的利益需求，有利于政府吸纳社会群体的智慧，妥善协调各利益相关者之间的利益关系，维护社会稳定。

利益协调是和谐社会的一个重要标志。各利益相关者间的利益关系如果处理不好，就会导致他们之间的不信任或不合作，甚至出现不和谐的现象。合理的利益协调机制是化解社会矛盾和利益冲突的有效方法之一。一般来说，如果保护建筑遗产的行为触犯了某个利益相关者的关键利益需求，保护行为就不会得到他的彻底支持，他就会表现出选择性执行、敷衍执行甚至是千方百计阻止执行等现象。因此要用利益需要调动各利益相关者在城市更新改造中保护建筑遗产的积极性。利益协调机制运行的最终目的是通过法规、政策的衔接与协调，解决新型城镇化背景下城市更新改造对建筑遗产的破坏问题。

从以上文字和本书前面的分析可以看出，对建筑遗产保护所涉及的利益相关者之间的利益协调机制进行研究是非常必要和紧迫的。要协调各利益相关者之间的利益关系，首先要使各利益相关者的要求得到满足，从根本上调整各利益相关者间不均衡的利益关系，才能使建筑遗产得到有效保护。根据前面章节的分析可知，建筑遗产保护工作涉及多个利益相关者，且每个利益相关者的利益目标不同，各利益相关者对利益的追求往往会影响其他利益相关者对该利益的获得，他们之间利益的不协调现象就是在这种情况下产生的。如何平衡和协调各利益相关者之间的利益关系，减少他们之间的利益冲突，减少和避免建筑遗产被毁坏的现象，促进建筑遗产保护事业的发展是本书重点要解决的问题。

### 6.2.1 多主体共同管治的系统设计

利益相关者多主体共同管治是建立在法治基础上的共同管治，其蕴含了法治、协商、自治的理念。公共性、开放性、多元性是其基本特征，共生、共存、共荣的合作格局是多主体共同管治的发展方向和目标。本书的多主体指的是中央政府、地方政府、开发企业、当地民众、社会组织、专家学者、古建筑维修保护单位、新闻媒体等建筑遗产保护工作所涉及的各利益相关者。根据本书第4章的分析，在建筑遗产保护事务中，地方政府（包括文保单位的行政主管部门）、开发企业、当地居民（包括原住居民）这三类群体与建筑遗产保护的利益相关度最高、最直接、最重要；学界（专家学者）、古建筑维修保护单位等利益相关者并非建筑遗产保护过程中的直接利益相关者，但他们的行为能够间接影响建筑遗产保护的结果；而新闻媒体所具有的属性会随着其合法性、权利性的获得而影响决策者的行为。

多主体共同管治利益协调机制使公众有机会合法有效地表达自己的意愿，是多个权利主体通过多种机制相互融合的过程。在这个融合过程中，各利益主体有效地行使并承担自己的权利和责任。各利益相关者通过博弈和合作机制使各种利益冲突相互融合、协调，在相互融合的过程中，反复对话、反复协商、反复妥协，从而使分歧和争端得到解决，实现各利益相关者之间利益的平衡和协调。在这个机制的约束下，各利益相关者各自发挥积极的作用，能够形成一个合力，使建筑遗产得到良好的保护。

本书所构建的多主体共同管治利益协调机制包括3个机制，分两个阶段构建。首先构建多主体共同管治利益协调机制，再针对最主要的利益相关者（地方政府、房地产企业、当地民众）构建"三角闭环互动"利益协调推进机制（图6.1），这个机制是多主体共同管治利益协调机制的核心。在这个协调机制里，3个最主要的利益相关者互相监督、互相约束、互相合作，形成一个立体、开放、稳定的格局。

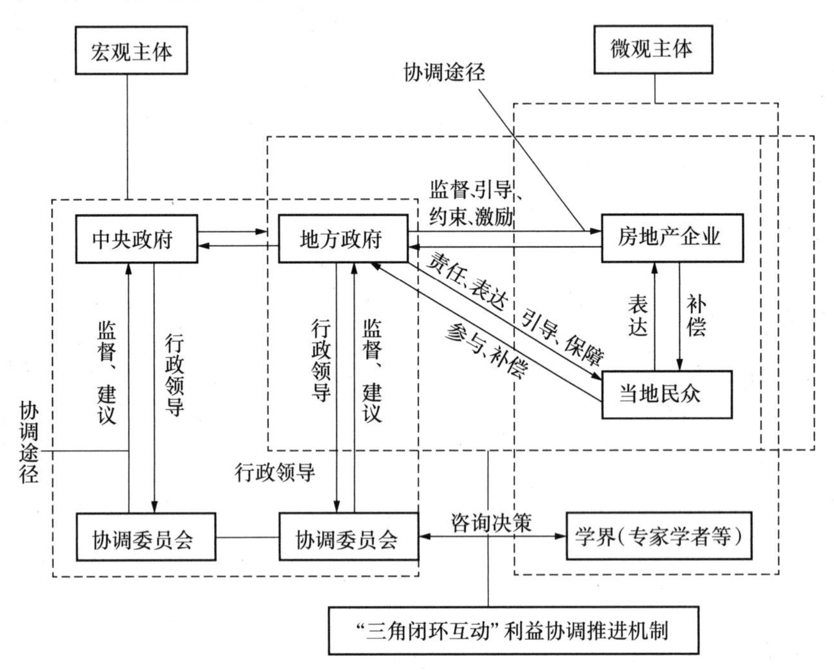


图6.1　多主体共同管治利益协调机制图

在多主体共同管治利益协调机制中，中央政府、地方政府和协调委员会是宏观主体，开发企业、当地民众和学界则是微观主体。宏观主体通过行使其行政领导职责实现对微观主体的管治，而微观主体则通过沟通、表达使其利益和诉求得到满足和实现。在各级政府和各级协调委员会之间，协调委员会接受同级政府的领导，同时政府要接受协调委员会的监督和建议。在工作制度衔接中，政府应明确自己的角色定位，更多地充当主导者和协调者的角色，主导其他各利益相关者主动进行沟通，政府各相关部门之间也要主动进行充分的沟通，将工作制度的衔接纳入上级政府对下级政府的绩效考评中，最终形成一条环环相扣、互相监督和制约的工作制度链。

中央政府以长远的社会效益最优为最终目的，其利益目标是使建筑遗产的真实性和完整性得到良好的保护。地方政府的利益目标是获得建筑遗产带来的间接经济价值，如除了开发开放旅游的收入外,还有旅游带来的其他行业的发展和外部投资。开发企业的利益目标是实现建筑遗产的直接经济价值并从中获利,如推倒建筑遗产重新建设或进行建筑遗产的商业性开发和利用,开发企业的这一目标导致了城镇化过程中大量破坏建筑遗产的短视行为。为了保住建筑遗产,就需要第三方的介入,对开发企业破坏建筑遗产的行为进行干涉和阻止。学界的利益目标是实现建筑遗产的存在价值,保证建筑遗产的真实性、完整性和可持续性。专家学者在长期层面上希望通过咨询和建议实现自己的个人价值,在短期层面上追求学术的成功。当地居民短期内追求自身经济利益的满足,其利益目标是实现建筑遗产的直接经济价值而获得利益。但在其认识水平提高之后,可能会提出对文化的需求,如希望改善生活环境、获得归属感等。在利益追求倾向上,3 个最主要的利益相关者(地方政府、开发企业、当地居民)对经济利益的追求是一致的,是短期目标。同时,中央政府、地方政府和学界在长远目标上也可以达成一致,这为学界能够为政府服务提供了可能。在我国目前情况下,建筑遗产的保护离不开政府部门的干预,专家学者只能在政府限定的框架内,最大可能地实现其文化理想和追求。建筑遗产保护的特殊性在于它必须要有民众的主动参与才会取得更好的保护效果,而民众要达到文化自觉还需要进一步提高认识水平。

### 6.2.2 “三角闭环互动”利益协调

基于前面章节对各利益相关者的分析,发现在所有的利益相关者中,地方政府是最重要的利益主体,只有把地方政府这个既活跃又有影响力的利益主体监督好、引导好,才能保证其朝着有利于建筑遗产得到有效保护的方向施力。在保护建筑遗产所涉及的各利益相关者中,中央政府和利益协调委员会、学界 3 个利益相关者在利益目标上是一致的,他们一直是保护建筑遗产的支持者。所以,在多主体共同管治的利益协调机制中,利益协调的重点应该放在互动最为频繁、利益冲突也最大的 3 个核心利益相关者上,协调好他们之间的利益关系是使建筑遗产保护工作和谐推进的关键点,只要他们三者的利益关系协调了,主要的利益不协调现象就基本消除了。为了使各利益相关者之间能够有效制衡,他们之间的利益关系能够更好地协调,针对他们之间的博弈,本书在多主体共同管治的利益协调机制内部又构建了地方政府、开发企业和当地居民这 3 个利益相关者间的“三角闭环互动”利益协调推进机制。该利益协调推进机制的建立,使得 3 个重要利益相关者在利益关系上相互制约、相互依赖、相互妥协、相互合作,他们之间形成了一种“对立统一、关系共生、利益共享、目标共赢”的立体、开放的格局,每一个利益相关者在这个机制中都能和其他两个利益相关者相互约束和互动,形成了多主体共同治理、互相约束、互相监督的长效工作机制,有效地实现了各利益相关者之间利益的协调。在这个机制里,任何一方都不能有投机和纯粹的自利行为,缺少任何一方,三者的利益就得不到有效的协调,建筑遗产保护工作就不能得到有效、顺利的开展。

地方政府通过对开发企业的监督、引导、政策约束和奖惩激励来制约和规范开发企业的行为,而开发企业则通过承担社会责任、合理的利益表达来使自身利益得到保障和满足。地方政府通过对当地民众的合理补偿和物质精神激励来调动当地民众保护建筑遗产的积极性,而当地民众则通过利益诉求来使自己的利益免受损失。在开发企业和当地民众之间的利益平衡,也是通过利益表达和诉求实现的。当地民众会要求开发企业对其失去土地或房屋的所有权进行一定的经济补偿,同时又会对地方政府和开发企业的行为进行监督。由于各利益相关者的利益目标是动态变化的,因此,这个模型也是动态可变的,通过合理有效的利益协调途径,能够进行相应的调整和安排。

### 6.2.3 利益协调机制保障的关键要素

为了保障所构建的利益协调机制良好地运行,提高利益协调机制的权威性和有效性,以下几个要素是必不可少的,即统一的目标和原则、合理的组织机构、详细的工作流程、科学的决策、明确的制度保障、健全的协调途径六个要素。建筑遗产保护多主体共同管治的利益协调机制是在"统一的目标和原则"的指导下,"组建合理的组织机构,有明确的制度保障,制订详细的工作流程,进行科学的决策,采用健全的协调途径"构建而成的。其中,统一的原则和目标是利益协调机制的前提和基础,合理的组织机构是利益协调机制的组织保障,明确的制度、详细的工作流程、科学的决策是利益协调机制的制度保障,健全的协调途径是利益协调机制的核心。统一的目标和原则、合理的组织机构、详细的工作流程、科学的决策、明确的制度保障、健全的协调途径这六要素环环相扣、紧密作用,通过制订统一、有效的规则来约束和规范各利益相关者的行为,共同保证各利益相关者间利益的有效协调。其中,"统一的目标和原则"在前面已经详述,"合理的组织机构、详细的工作流程、科学的决策、明确的制度保障、健全的协调途径"这五要素将在本章6.2和6.3中进行详细描述,下面仅做简要叙述。

#### 1)组织机构

在这个利益协调机制中,地方政府居于核心领导地位,并与其他利益相关者互动。地方政府接受中央政府的领导,接受协调委员会和其他利益相关者的监督。不同级别的协调委员会分别行使各级别利益相关者之间的协调和监督的职责。

#### 2)决策

虽然决策是由政府相关部门做出,但学界(专家学者)在决策层面也起着重要的作用,他们的建议或意见直接反馈给协调委员会或政府部门,并在政府部门的授权下,由相应级别的协调委员会组织论证和实施,如制定相关制度或政策等。

#### 3)工作流程

工作流程是从中央到地方的逐层逐级模式。首先,地方政府在中央政府的宏观指导下,对本地区的建筑遗产保护工作进行部署,并责成相关部门和协调委员会予以执行和监督。

相关部门和协调委员会根据自己的职责范围分别实施，然后按照这种模式层层落实。

特别需要指出的是，利益协调委员会的作用非常关键，作为利益协调的第三方，利益协调委员会不同于学界，它是政府授权的第三方组织，影响力和权力远远大于学界。因此，它的功能是否能够正常有效地发挥是建筑遗产能否得到有效保护的关键。

### 6.2.4 各主要利益相关者的新定位

#### 1) 中央政府

为了使建筑遗产得到更好的保护，中央政府在建筑遗产保护工作方面的定位应该是：扮演国家层面的法律法规和政策的制定者，建筑遗产保护的宣传者和支持者，保护行为的监督者、引导者和管理者的角色，通过公共媒体加强对建筑遗产保护工作的宣传，培育良好的建筑遗产保护宏观环境，努力营造全国上下都要积极保护建筑遗产的氛围，因为建筑遗产的保护与国家的宏观环境和舆论导向有很大关系。中央政府要给地方政府保护好建筑遗产和当地文化施加政治上的压力，运用多种手段，在建筑遗产保护方面提供政策引导、资金扶持和技术、人才支持。

#### 2) 地方政府

地方政府应扮演好地方的领导者、利益的协调者、建筑遗产保护的支持者和监督者的角色，必须参与和决策建筑遗产保护的机制建立、目标设定、标准制定等事务[130]。在城市建设和管理过程中，地方政府通过制定科学合理的城市发展规划和当地建筑遗产保护法规、政策，权衡城市建设中的成本和收益，以规避城镇化导致的“外部性”和“市场失灵”，为城市环境的营造提供依据和导向，使城镇化朝着绿色、可持续的方向发展[111]。

#### 3) 开发企业

通过本书第4章的分析可以看出，开发企业对建筑遗产的保护工作具有较强的影响力，在建筑遗产保护中应当扮演参与者和支持者的角色，开发企业不能单纯地从小我出发，而应该遵循普世的原则，在伦理道德的约束下，遵守“代际公平”的国际伦理准则，在获取经济利益的同时，使社会价值最大化，不能只顾追求自己的一己之利而损害社会利益，要为子孙后代负责，积极做负责任的企业，保护城市的特色和文化，实现企业自身利益和遗产地综合效益的双赢，实现城市的可持续发展。

从短期来看，开发企业在履行保护建筑遗产的责任和实现自己的经济目标之间存在一些冲突。但从长期来看，履行社会责任和追求利润是高度一致的，履行社会责任可以提高企业声誉和企业形象，从而使房地产企业在履行责任和追求利润之间达到一种理想的均衡状态。因此，开发企业应该把目光从单纯地获取经济利益转移到社会责任的承担和履行上，应该明白：担负起自己的责任也会给企业带来巨大的经济利益。开发企业具有很强的活力，地方政府要尽可能制定较为完善的制度和政策对他们的行为进行强制性的约束和有效激励。如果不掌控推土机的方向和速度,城市的建筑史就只会是城市的拆迁史,而不是人类文明的进化史。

### 4)当地居民

当地居民在建筑遗产保护中应当扮演参与者和协助者的角色,同时也要监督地方政府、开发企业的行为,充分行使自己的利益表达权,使自己的权益尽可能得到保障。同时,应主动提高自身文化修养和文化自觉,积极投身到保护建筑遗产的大军中。目前,当地居民对建筑遗产保护的认识度和关注度还不够,积极性还不高,保护力量还比较薄弱,但他们具有较强的影响力,不能忽视对他们的利益需求和积极性的调动。

### 5)学界

学界在建筑遗产保护中起着先驱者、关心者、参与者和支持者的作用,学界中的专家学者应积极发挥自己的聪明才智,利用自己掌握的专业知识和技术,为保护好建筑遗产献计献策,并积极进行科学研究,通过理论研究成果和实地调研结果影响政府的政策决策、开发企业的价值观和当地民众的行为方式等。但是,地方政府迫于中央政府经济考核的压力,使专家学者对政府决策的影响力日渐式微,地方政府的决策经常会倾向经济利益方面的考虑。

由于各利益相关者的利益目标和利益诉求不同,他们在建筑遗产保护中所扮演的角色也不同。对各利益相关者来说,在建筑遗产保护工作中,政府要履行保护和传承历史文化的责任、保护当地自然和生态环境的责任、加强建筑遗产保护管理的责任、发展当地经济,造福当地社区民众的责任、使各利益相关者利益得到满足的责任等;当地居民要履行维护本地生活环境和自然生态环境、保护本地传统文化的责任;开发企业要履行保护当地自然环境的责

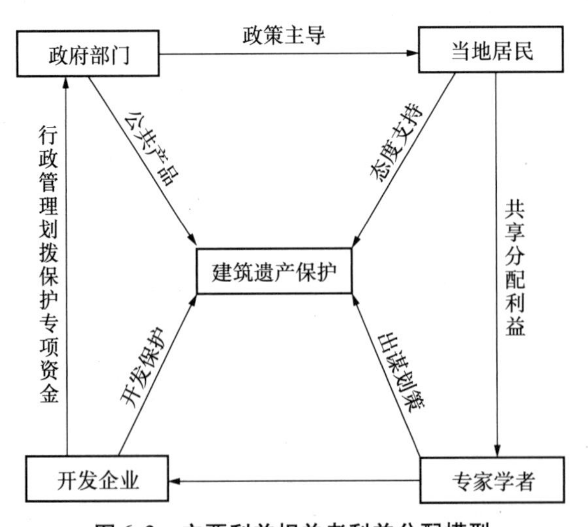


图 6.2　主要利益相关者利益分配模型

任、尊重和保护当地特色文化的责任、保障当地居民正当权益的责任、诚信经营的责任、为当地居民提供就业机会的责任等；学界要通过各种咨询和建议，履行规劝政府建立和维护当地良好的文化氛围和环境的责任等，图6.2是主要利益相关者利益分配模型，是各主要利益相关者之间关系的理想状态。

### 6.2.5 各主要利益相关者之间的利益协调

要协调好地方政府、开发企业和当地民众之间的关系，首先要找出他们的利益需求和利益异同点，通过完善相关法律来约束他们的行为，通过利益协调委员会对他们的行为进行监督，通过各项政策对他们进行引导和激励，通过伦理道德教育让他们积极主动地承担社会责任，畅通利益表达渠道，完善利益补偿机制来有效协调各方利益，保障各利益相关者的利益得以实现，从而使建筑遗产得到有效的保护。事实证明，以求同存异、体谅包容为原则，采用协商民主的方式建立平等协商的对话制度，以实现社会公共利益最大化为取向，加强各利益相关者之间的团结、合作和互信是利益协调的有效途径。

#### 1）中央政府和地方政府之间利益的协调

中央政府与地方政府不同的利益诉求导致了两者对待建筑遗产的态度不同。通过前面的博弈分析发现，如果加大地方政府违规的成本，地方政府就会减少违规行为，由于导致地方政府一味追求短期经济利益的关键是中央对地方绩效考核的导向，因此，要从根本上解决问题，就要从中央政府对地方政府的考核指标上做文章，要根据城市发展的需要，在考核指标体系中增加对地方历史文化的保护和传承这一指标，同时加大地方政府不执行中央政策的处罚力度，使地方政府由于不执行中央政策而支出的成本远远大于其因此而获得的经济利益。只有这样，地方政府才会调整其行为方向，变追求短期的经济利益为追求长远的社会利益，把发展重点转移到保护当地文化和生态环境上来，从而使地方政府和中央政府的利益关系更为协调，从根本上消除目前大拆大建的现象。另外，中央政府也要积极引导地方政府树立责任伦理观，把保护当地的历史文化、维护社会利益作为地方政府施政的重要方向之一，并利用法律法规和政策的力量，规范地方政府的决策行为，国家层面的协调委员会也要协助中央政府监督好地方政府的行为。

#### 2）地方政府和开发企业之间利益的协调

在对经济利益的追求方面，地方政府和开发企业具有天然的共生关系。房地产企业为地方政府提供土地出让金等经济来源，而地方政府则对房地产企业的破坏行为置若罔闻。由于地方政府肩负着执行中央政策的使命，因此为了应付中央政府，地方政府多少会采取一些措施对开发企业的行为进行限制和监督。开发企业为了个体利益会对地方政府的管理和限制形成一定抗力，甚至会通过向地方政府施惠寻租行为，迫使地方政府向开发企业让步，最终形成有利于开发企业的博弈契约。但是，地方政府和开发企业在环境、价值观以及合作过程等方面的信息不对称,又会导致他们之间在认识上的差异,进而影响双方的合作深度和稳定性。所以,为了避免这种现象,地方政府要为开发企业提供畅通的利益诉求渠道,也要加强与开发企业之间的对话、沟通和合作,通过沟通消除双方利益协调的障碍和误会,使双方不断调整自己的利益目标,朝着共同的方向努力。

为了使地方政府和开发企业之间的利益关系更为协调,地方政府作为公众利益的代表,应严格执行国家赋予的职责,加强监督检查,通过制定相关的政策法规和奖惩激励措施对开发企业的行为进行监管和约束。通过引导开发企业主动承担社会责任、热衷公益事业,在房地产开发或建筑施工时主动配合地方政府保护好建筑遗产。地方政府可以引导开发企业进行带有公益性质的开发,并给予其政策支持或资金补偿。只要地方政府能够让开发企业在保护建筑遗产时有利可图(物质利益或精神收益),使其获利大于拆毁建筑遗产重新建设获得的报酬,开发企业和建筑企业就会遵从地方政府的法律法规和制度安排,自觉自愿地保护建筑遗产,这样,他们之间的利益关系就会比较协调。

### 3)地方政府和当地民众之间利益的协调

地方政府要让当地居民充分了解自身利益的界限,并通过社区组织对他们进行引导,当地居民会通过利益表达,形成自觉维护自身权益的机制。地方政府要给当地居民提供利益表达的渠道和机会,让居民能够有效地表达自己的利益诉求。为了达到较好的效果,地方政府要拓宽利益表达渠道,减少利益表达的环节和利益传输的距离,减少信息在传输过程中的失真。另外,在对当地民众的补偿方面,地方政府应用其权威引导开发企业给予当地民众更多的补偿,来弥补当地民众怅然若失的心理。地方政府也要通过物质和精神奖励来补偿当地民众积极保护建筑遗产的行为,让当地民众不管是从心理上还是实质上都有获得感。

### 4)开发企业和当地民众之间利益的协调

事实上,从长远来看,保护建筑遗产符合每一个利益相关者的利益要求。要发挥建筑遗产保护所涉及的各利益相关者的最大作用,形成互相监督、共同受益的良好氛围。在保护建筑遗产这一行为中,不同利益相关者的利益表达和诉求能力强弱有别,如政府部门、开发企业长期处于比较强势的地位,而当地居民则一直处于相对弱势的地位。当地民众属于弱势群体,信息不对称使得他们获得的信息有限,会面临熟悉的居住环境被破坏的风险,他们无力和政府以及开发企业的拆迁改造行为相对抗,只能被动地接受这一事实。他们唯一能做的,就是在有限的时间内和开发企业进行博弈,以争取更多的补偿。因此,为了协调开发企业和当地民众的关系,开发企业应当让渡一部分利益给当地民众,通过合理的货币补偿,让他们多一些自己的家园被破坏后的安慰。如果弱势群体的利益不被重视,可能会使弱势群体丧失对博弈的信心和勇气,最终退出博弈,进而影响建筑遗产保护目标的实现。任何两方或多方合谋来损害其他方的利益,都注定了城镇化会偏离人们预期的轨道,使城市的发展不可持续。只有在中央政府的统一领导下,遵从专家学者的建议或意见,在地方政府、开发企业、当地居民3个主要利益相关者良好合作伙伴关系的基础之上,建立并拓宽他们之间有效沟通的渠道,促使他们之间有效沟通和合作,达成在城镇化过程中保护建筑遗产的共识,才能在新型城镇化过程中保护好建筑遗产,从而实现“帕累托改进”。政府要树立多元参与理念,充分考虑各个利益相关者的利益关注焦点,尽可能消除各利益相关者间的利益冲突,使其协调和均衡,最终形成和谐统一的建筑遗产保护观,促进建筑遗产保护工作的良性发展。

## 6.3　多主体共同管治利益协调机制的运行

本节紧紧围绕“政府主导、协调委员会监督、专家(学界)咨询、开发企业配合、公众参与”这一多主体共同管治的利益协调机制,对不同利益主体的参与方式进行分析。

### 6.3.1　政府主导

#### 1)政府主导的必然性

根据发达国家的成功经验,在对待建筑遗产的态度上,政府起着指引和决定性的作用,是不可或缺的主导性角色,政府作用的发挥是伦理均衡的关键。从目前我国的国情来看,建筑遗产保护工作也只能由政府来进行主导,政府的权威性和领导力决定了政府正确、合理的引导起着无法替代的作用。建筑遗产保护过程中的市场化程度、法律法规的制定、民众参与的程度等都只能依靠政府统筹主导才能完成。除此之外,建筑遗产的登录与普查、建筑遗产评估标准的确定等工作也都依赖于地方政府对建筑遗产保护的重视程度。建筑遗产保护工作涉及的某个利益相关者在自身利益受到损害时,也要政府出面,利用其权威来协调各利益相关者之间的不平衡心理,引导和树立其他利益相关者对待建筑遗产的正确态度。地方政府还要负责对所有利益相关者进行行为准则教育,帮助各利益相关者树立可持续发展的伦理观念,弱化建筑遗产保护外部不经济性的现象,市场不可能完成这一任务。目前我国的建筑遗产保护工作开展得不尽如人意,在这种情况下,更加需要我国政府相关职能部门积极发挥应有作用,加强指导和调控,把建筑遗产保护工作完全交由“市场”来进行主导是不可行的,必须由政府提供导向性、约束性的管理和服务。如果没有政府的主导,这些工作就不能得到较好的执行,其他任何一个利益相关者都不能代替政府,他们没有能力也没有权利完成这些事情。

#### 2)政府的职责

各级政府担负着领导隶属于它的协调委员会行使其权利的职责。政府是制度、政策、资源的掌握者,具有绝对的权威,因此其行为在利益协调中起着决定性作用。各级政府应在自己的职权范围内担负起老大哥的重任,通过出台严厉的法律法规、制定合理的政策和制度行使其权力。各级政府应当通过各种方式向社会公众宣传保护建筑遗产的意义和必要性，鼓励社会公众积极参与建筑遗产保护中重大事务的决策，减少政府的决策失误和不必要的损失，鼓励社会公众积极参与规划，制定能够确保建筑遗产得到有效保护的城市建设方案。建设方案要按年度计划、行政区划和行业单位分解落实，责任到人，地方一级政府要和地方二级政府一把手签订责任状，督促其建筑遗产保护工作的有效开展。政府工作人员，尤其是领导者头脑要清醒，在城镇化过程中不能单纯地图大、图快、图政绩，要意识到保护好建筑遗产也是一种政绩，也会获得经济利益，如北京保护下来的44条老胡同，在奥运会期间发挥了很大的作用，这就是一个很大的政绩。让社会公众在建筑遗产保护中拥有较强的话语权，树立公众的文化意识，引导公众将建筑遗产的保护责任与自己的切身利益联系起来，才可能破除一面保护、一面破坏的局面。

从地方层面上来讲，地方政府首先要端正自身的态度和观念，树立全面发展的意识，要理性地思考建筑遗产保护的价值取向、工作路径等一系列问题，把保护建筑遗产、延续城市文化作为自己的重要职责之一，承担起保护建筑遗产和文化传承的组织者的重任，从而促进建筑遗产的“复活”。相关部门应牵头制定和完善建筑遗产保护相关制度和法律法规，如立项、论证、评估、审批和监管制度等，在建筑遗产的保护方案、政策推进和市场运作等方面做好全面科学地论证，使建筑遗产保护事业得到长期的、源源不断的资金扶持。

## 6.3.2 协调委员会监督

### 1）协调委员会成立的必要

在我国的建筑遗产保护工作中，由于没有专门负责利益协调的组织机构，没有完善约束各利益相关者的法规和制度，再加上对现存的各项法律和制度缺乏执行力，造成了目前各利益相关者关系不够协调的现象。如果有一个权威的组织机构来专门负责监督各地对上级政府政策和法规的执行情况、负责管理和协调建筑遗产保护行为及所涉及的各利益相关者之间的利益关系，就会改变目前建筑遗产所面临的窘境。在这个组织机构的牵头下，制定以人为本的、系统的、具有清晰目标的兼顾经济、社会和环境效益的建筑遗产保护政策法规框架和规划，尤其是在决策、实施、管理层面，通过政策、制度和法规来引导和规范各利益相关者的行为，通过提供建议或者直接参与其中来协助政府制定各项政策、制度等，以公开、公平、公正为指导原则，针对各方利益冲突，进行协调沟通，保障各个利益相关者的利益不受损害；通过完善查处机制，加大不规范行为的处罚力度以减少投机行为，降低开发企业损害其他利益相关者利益的可能，促成利益相关者的博弈均衡解，确保社会总体利益达到最大。对各利益相关者的行为进行监控，使每个利益相关者的利益目标与整体目标方向一致，在相互妥协后形成合理的利益分配结构，促进建筑遗产保护工作持续健康地发展。因此，成立一个政府授权和委派之下的，专责、常设的，但又相对独立于政府的稳定、权威、职能完备又具有高度问责性的利益协调委员会作为协调各方利益的机构是非常必要的。协调委员会专门协助政府对建筑遗产保护进行综合、系统的监督、管理和协调，在遇到实质性的利益冲突时发挥其协调作用，从而改变目前对建筑遗产肆无忌惮的破坏现象。

各级利益协调委员会作为各级政府领导下的第三方组织，具有监督协调的职能，不仅要兼顾各方利益，还要促进各方利益兼容相生。为了保证工作能对口衔接和顺利有效地进行，不同级别的政府都要成立一个利益协调委员会（或利益协调小组），明确其归口管理，以免出现部门之间的推诿现象。下一级别的协调委员会受上一级别的协调委员会的指导和监督。协调委员会隶属于行政机构，拥有行政职权，它与现有的华夏文化遗产保护中心的职能和业务范围不同，协调委员会可以对建筑遗产保护中的各个环节进行监控，同时还可以作为一个信息沟通和反馈的渠道，确保各利益相关者之间能够和谐发展。

### 2）协调委员会的组成

协调委员会的组成如表6.1所示。

**表6.1　协调委员会的组成**

| 级别 | 牵头单位 | 协调委员会（巡视组）成员 | 备注 |
| --- | --- | --- | --- |
| 国家层面 | 国务院办公厅 | 建设部、文化和旅游部、国家文物局、国家发展改革委、主要媒体等机构的现任“一把手”，建筑遗产保护领域的专家，全国知名开发企业的董事长或总经理 | 如卸任或调离，则重新换成现任的领导 |
| 地方层面 | 地方人民政府 | 规划局、文物局、文化委和建委等部门的现任“一把手”，本地建筑遗产保护领域的专家，在本地有影响力的开发企业，本地的媒体代表和居民代表 | 如卸任或调离，则重新换成现任的领导 |

从表6.1可以看出，这种由来自不同领域的多元主体组成的协调委员会能够集思广益，代表不同利益相关者的利益需求，有利于各利益相关者的利益得到兼顾和平衡，可以更为全面地考虑问题，增强各级政府利益协调的针对性和有效性。需要特别说明的是，不管是哪个层面的协调委员会都要有责任意识，协调委员会中的各成员一定要实打实地履行好自己的职责，而非只是挂名，这样才不至于使协调委员会的工作流于形式。

### 3）协调委员会的职责

国家层面的协调委员会主要负责从国家层面上制定保护建筑遗产的政策、法律和各项规定，监督检查各地方建筑遗产的保护工作，建立建筑遗产保护日常监测制度和重大项目应急决策处置制度，成立建筑遗产保护监督检查组（或巡视组），不定期地检查或巡查全国各地的建筑遗产保护工作，对违反政策、法律和规定的地区进行严重的惩罚。协调委员会作为调解机构帮助各利益相关者，化解他们之间的利益冲突和矛盾，实现他们的和谐共存。监督各利益相关者的行为，包括监督相关管理机构出现以权谋私、滥用职权的行为；监督开发企业过度追求经济回报而破坏建筑遗产和周边环境的行为;监督、检查本区域的建筑遗产保护工作的执行情况;监督社区居民破坏建筑遗产的正常秩序及违法犯罪等行为;监督资金的运用,以防发生资金被挪用、贪污或浪费的行为,并将监督结果汇报给政府相关管理部门,一旦发现违规现象,立即停止拨款,并对相关责任人员进行处罚。协调委员会要为制定保护建筑遗产的决策建言献策,充当信息传输渠道。协调委员会要负责为政府制定各项政策、收集意见和建议,鼓励开发企业、民间组织、专家学者等出谋划策,积极表达民意。地方层面的协调委员会的职责和国家层面的协调委员会的职责一样,负责本地区的建筑遗产保护情况。

为了保证建筑遗产保护工作做得更好、更细,使其有更为健全的监督机构,各区(县)政府也要成立常设的建筑遗产保护协调工作领导小组,其组成及职责与上一级别的协调委员会类似,只是管辖的范围不同,只负责本辖区的建筑遗产保护的监管和协调工作。

#### 4)协调委员会的运作方式

各级协调委员会下设办公室,负责建筑遗产保护的日常管理工作,负责制订工作章程和运作程序,负责限定各个部门的职责和义务,合理分工,责任落实到人,避免多头管理、人浮于事、责任互相推诿的局面。协调委员会层级及职责如图6.3所示。

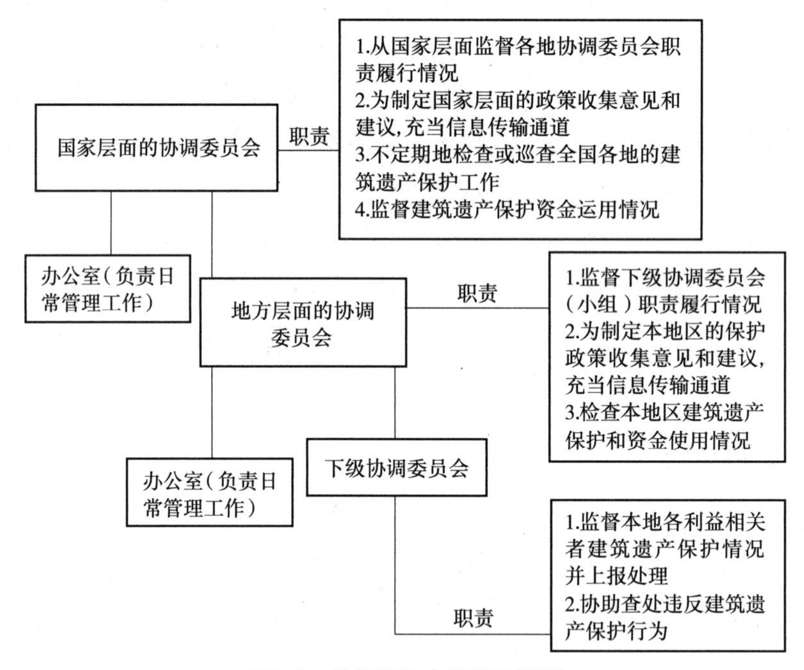


**图6.3 协调委员会层级及职责**

中央政府通过国家层面的协调委员会监督地方政府的建筑遗产保护行为。地方政府通过地方层面的协调委员会监督地方各下级政府的建筑遗产保护行为,并接受本级别政府的领导。中央政府要针对地方政府的"行政不作为",制定强有力的监督查处措施,加大对地方政府"一把手"的行政问责,在一定程度上瓦解开发企业与地方政府合作的基础。协调委员会在履行监督职能的同时,也为各利益相关者提供一个信息沟通和反馈的平台,为建筑遗产保护所涉及的各利益相关者提供信息沟通及反馈的渠道。

### 6.3.3　专家(学界)咨询

国外成功的经验表明,专家咨询委员会的支持与参与是必不可少的,它在遗产管理目标的确定、规划的制定、政策的出台、遗产的普查管理与维护、技术咨询等方面发挥着政府"智囊团"的作用,避免政府因专业知识不足而产生的负面影响。为了使各地的建筑遗产保护工作有效开展,各地最好成立建筑遗产保护专家委员会(以下简称"专家委员会")。专家委员会在相关政府部门的领导下工作,其职责是负责辖区范围内建筑遗产的认定、评估、调整及撤销等工作,制定建筑遗产相关标准和规范,为保护建筑遗产提供必要的依据,为当地政府决策提供咨询意见,指导和监督建筑遗产的保护行为。

#### 1)专家选聘条件

专家咨询委员会的专家由学术型专家和实践型专家组成。对学术型专家,要求经验丰富、思路开阔、知识面广泛、有较强的敬业精神和大局意识,专家的遴选标准包括"是否是学科带头人""职称级别""获得的学位""在本行业的工作年限"等,不仅要有实践经验丰富的专家,还要有来自高校、科研院所等机构的、熟悉本行业的学术权威,专业应涉及建筑学、历史学、土木工程、城市规划、城市建设与管理、法律等专业领域。对于实践型专家来说,虽然可能没有较高的职称,但由于其在相关岗位上工作多年,有着丰富的实践经验,他们对建筑遗产的保护工作更为了解,有其独特的见解与认识,也可以把他们列为专家委员会的候选人,如文物局、规划局、建委等相关职能部门的工作人员。作为专家,从某种意义上说是特殊的"第三方",应当保持第三方的独立性,能采用科学的方法与态度,客观、负责地提出意见和建议,不偏颇、不过激,无诚信道德方面的违纪违法前科,应重视那些讲原则,喜欢说真话、说实话、有能力的专家的选聘。

#### 2)专家选聘规则

建议成立专门的专家库或是专家咨询委员会,可以使建筑遗产的保护工作更加规范,也可以促进专家之间的相互交流,同时能够更快速地积累实际经验,体现建筑遗产保护工作的专业化。专家库应长期面向社会招聘,以及时吸纳符合条件的专家。专家库的专家选聘规则包括选聘程序、人数设置、专家任期等。

(1)选聘程序

为了能够更好地进行遴选,选聘程序可以采用自荐、推荐相结合的方式进行,但是选聘专家的前提是要征得专家本人以及专家工作单位的同意。在进行选聘时,可以首先发布专家选聘公告,通过公告召集专家报名,随后委托协调委员会按照遴选标准对所报名的专家进行资格审查,挑选出合适的专家人选。

(2)人数设置

专家库人数需要根据实际情况进行设置,专家库设置的目的是进行广泛的咨询,但并非专家人数越多越好,人数多了反而不能进行有效的讨论,不利于决策的形成。为了保证能够得出最终的意见,总的人数应控制在不少于9个专家的单数,最多不宜超过15位专家。

(3)专家任期

所聘用专家的任期可以根据实际情况进行设置,一般以3~5年为宜,任期太短会导致专家换届频繁,不利于专家库的管理;任期太长又会使有些专家没有危机感,产生惰性。

#### 3)专家工作内容

专家的工作内容包括对建筑遗产地现场实地考察、制定建筑遗产保护价值评估标准、建筑遗产的定性分级、城市的详细规划等。应定期举行沙龙、研讨会或论坛,为专家们就建筑遗产的历史与保护研究问题提供研讨的平台。

(1)建筑遗产地现场实地考察

政府部门应当根据实际情况,组织专家就保护建筑遗产事宜进行实地调研与考察,以更加深入地了解建筑遗产的实际情况。在进行现场实地考察时,首先需要对建筑遗产的实际情况进行大致的了解,比如建成时间、建筑遗产的规模、建筑遗产的结构及安全状况、建筑功能、建筑遗产的归属、建筑遗产保护后对当地及周边经济的影响等;同时,应当与当地居民进行沟通交流,了解当地居民的真实想法,做到心中有数。如有必要,可以召开座谈会,深入了解当地居民的诉求及建筑遗产相关情况等。

(2)制定建筑遗产保护价值评估标准及定性分级

建筑遗产对文化的诞生、延续、继承和发展具有重大作用。建筑遗产的稀缺性、不可替代性和不可再生性决定了建筑遗产的巨大价值,如经济价值、文化价值(美学价值)、历史价值等。要想合理评估建筑遗产的价值,就要树立正确的建筑遗产价值观念,根据它们的历史价值、艺术价值、科学价值,分别确定保护等级和标准,对建筑遗产的保护利用方向进行定位。

### 6.3.4 开发企业配合

企业社会伦理责任是利益相关者理论的基本出发点。在利益相关者理论看来,那些只顾自己赚钱,没有关注其他相关者利益的企业行为都被视为是不道德的。企业承担社会责任,虽然付出了一定的财务成本,但给自己带来了降低法律风险、提高企业美誉度等好处,也就是说,企业承担社会责任是既利他又利己的双赢行为[131]。

在新型城镇化过程中,开发企业对城市历史文化的保护和传承具有不容推卸的伦理道德责任。我国相关规定中虽然有开发企业在建设中关于文物、古树名木等的保护义务的规定，但在实践中，绝大多数开发企业都忽视了这一点。开发企业在开发建设时，不仅要保留建筑遗产，还要正确处理好新建建筑物与保留建筑物的关系、老城特色的保护和新城建设的和谐统一，力求新建建筑物之间以及新老建筑物之间在建筑形态、布局、建筑色彩方面和谐统一、相互协调，继承并发扬地方特征和传统风貌。目前，有些地区虽然在城镇化过程中保留了一些建筑遗产，但由于和周围环境改造不相协调，未能形成关联和衔接过渡效应，也未形成当地的特色。从伦理道德的角度来讲，开发企业不仅是一个经济实体，也是一个伦理实体，其开发行为不应损害城市当地自然环境或文化环境；从伦理学的角度来讲，有悖于保护自然环境和城市文化传统的行为应该被制止。

## 6.3.5 公众参与

### 1）公众参与的必要性

这里的公众既包括要保护的建筑遗产所在地的所有民众，也包括企事业单位和社会团体。保护建筑遗产不应仅仅是政府的责任，而应是所有国民的共同责任，是一项长期的、持续性的工作。建筑遗产是祖先留下来的，它们具有普世的价值，因此，从普世的角度来看，每一个社会公众都具有保护建筑遗产的绝对的正当性，有效的公众参与可以提高政府行为的可执行性和可接受性，能够提高政府行为的透明度和决策能力，从一定程度上防止暗箱操作和腐败现象的发生，并能弥补建筑遗产保护工作可能存在的遗漏和疏忽。政府针对保护建筑遗产的每一项决策和措施根据不同地区的实际情况，不可能做到面面俱到，而公众因为对当地的情况最为了解，所以他们最具有发言权。公众参与对政府保护建筑遗产工作能起到强有力的支持作用和监督作用，是政府和社会合作共赢的基础。参与各方通过对话、磋商、合作等形式在建筑遗产保护事务上达成妥协，实现多赢。建筑遗产保护工作如果没有公众的广泛参与，将是无本之木、无源之水，会变得毫无意义。

国外的成功经验告诉我们，如果缺乏政府之外的组织，特别是极富活力的社会组织（如社会非营利性组织）与政府的相互制衡与合作，即使设计得再严密的城市规划也会是空中楼阁。从某种意义上说，这些组织可以为建筑遗产保护工作提供资金、人力和技术上的帮助，能够决定一个国家的社会调动力度和实施发展项目的能力。

### 2）公众参与的形式

为了充分调动广大群众参与建筑遗产保护工作的积极性，可以在全社会范围内征集建筑遗产保护志愿者或在条件成熟的社区建立保护建筑遗产的义工组织。通过义工定期和不定期的宣传，增加人们对保护建筑遗产工作的理解和支持。也可以公开招募成立保护建筑遗产市民巡访团和监督员，邀请普通市民对建筑遗产保护工作进行明察暗访。通过设立专家咨询、市民听证会等形式，给市民多一些舆论空间，给基层多一些自主，多一些利益相关者的多元制衡，多一些公共监督。公众也可以通过网上投诉、市长信箱等方式参与建筑遗产保护工作。不同利益相关者共同参与的实现方式如表6.2所示。

**表6.2 不同利益相关者共同参与的实现方式**

| 利益相关者类型 | 实现方式 |
|---|---|
| 中央政府 | 通过制定宏观层面的法律、法规来约束、规范和奖惩各地方政府的行为 |
| 地方政府 | 通过制定地方性的政策、法规和制度来激励、约束和奖惩地方的各利益相关者的行为 |
| 开发企业 | 转变自身观念,树立企业的伦理责任观,主动承担社会责任 |
| 当地居民 | 积极响应地方政府的号召,发表自己的意见和建议,同时监督地方政府和企业的行为,对不利于保护建筑遗产的行为进行举报 |
| 学界 | 利用自己所掌握的知识和技能,为政府提供建议 |

保护建筑遗产是全社会共同的责任和事业,与广大公众的根本利益息息相关。在现阶段,我国社会公众在建筑遗产保护方面缺乏充分的参与权和决定权,政府对社会公众的参与往往只是尽到了告知义务,远远达不到政府决策的高度。当前中国要发展公众参与,最重要的还是教育政府官员,改变他们的观念,使他们真正有动力推进公众参与。

总之,政府要有广阔的胸襟、包容的心态和前瞻的眼光,抛弃狭隘的执政理念,树立公众参与理念,让公众参与决策,让更多利益相关者参与保护建筑遗产,以使建筑遗产保护工作得到最大多数利益相关者的理解和支持,这样社会公众才有可能充分利用自己的权利,参与到保护建筑遗产中去。

## 6.4 利益相关者利益协调机制运行的保障措施

协调保护建筑遗产所涉及的各利益相关者之间的利益关系,必须借助国家法律、法规和社会正义(伦理、道德)。这是因为,法律、法规制度及政策可以对各利益相关者的行为进行强制性的约束和引导,而伦理道德具有的他律和自律作用可以帮助实现利益相关者的伦理均衡,进而各利益相关者之间利益关系就会更加协调。为了保障建筑遗产保护工作所涉及的利益相关者之间的利益协调机制能够有效地运行,本书分别提出了刚性保障措施和柔性保障措施。刚性保障措施包括保护建筑遗产相关的法律、法规、政策等方面的措施,柔性保障措施包括伦理、道德、文化方面的措施。法律和道德规范能够促使个人或群体形成正确的价值观,正当地获取利益。刚性保障措施和柔性保障措施刚柔并济,共同作用,缺一不可,它们相互补充、相互促进,共同保障建筑遗产保护所涉及的利益相关者的利益协调机制有效运行。

### 6.4.1 刚性保障措施提出的必要性及框架图

利益协调机制的有效性有赖于法律制度的建立和健全,只有从法制的角度去关心建筑遗产保护事业,才能将建筑遗产保护工作提到一个更高、更宽、更严肃的视野。在城镇化过程中,如果没有法律、法规的约束,就好像失去了导航系统的飞机,后果可想而知。用制度、法律和政策等刚性措施的威慑力来维护建筑遗产的安全,可以遏制道德风险和机会主义倾向的发生,把引发利益冲突的隐患扼杀在萌芽状态。从国际成功经验来看,以规则为基础的利益协调机制是不可或缺的。法律就是一种规则,它可以约束行政权力的滥用、遏制行政行为和其他利益相关者的盲动。欧洲许多国家都具有非常明确的历史文化保护立法思路,他们以法律、法规的形式将政府职能、资金保障、社会监督、公众参与等内容明确了下来[83,86]。实践证明,通过制度、规则、惩罚措施等来影响博弈各方的行为比正向的激励更加有效,成本更低。制度是“一个社会中的一些游戏规则”,制度可以解决和化解利益冲突、保障各利益相关者的利益,实现多元利益的协调、容纳和共存,从而形成均衡的利益格局。城镇化过程中,在保护建筑遗产这一问题方面,各利益相关者之间的利益不够协调的原因之一就是法律制度安排不合理,它是由不同的利益相关者的利益实现方式不合理所引起的。因此,通过制定法律法规和相关政策,对建筑遗产保护所涉及的各利益相关者的行为进行强制管理和约束,严格规定利益相关者的权利义务关系和利益边界,使他们“不能破坏也不敢破坏建筑遗产”是使建筑遗产得到良好保护的非常有效的手段(“不能破坏”指的是从法律、制度入手设立制衡机制,“不敢破坏”指的是企业或个人鉴于法律和制度的严惩,不敢承担被惩罚的风险),这对协调各利益相关者之间的利益关系非常必要。刚性保障措施框架图如图6.4所示。

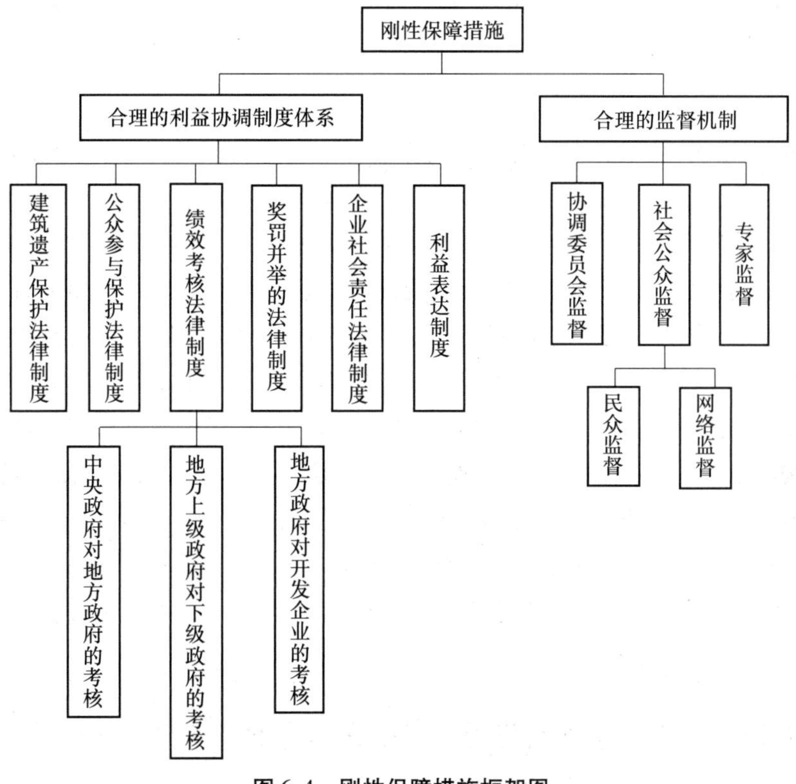


**图6.4　刚性保障措施框架图**

### 6.4.2 柔性保障措施提出的必要性及框架图

用法律法规和各项规章制度来协调各利益相关者的关系无疑是最有效的，但是仅仅依赖法律法规这些刚性的机制来协调各利益相关者之间的关系，不仅作用有限，而且法律法规和各项制度的运作成本较高。当现阶段的法律制度等刚性措施难以有效发挥作用时，柔性的保障措施如伦理、道德、文化等可以对利益相关者的不规范行为进行引导和约束，伦理道德、文化的力量可以让各利益相关者形成自律的意识和观念。从伦理的视角来分析利益协调问题，能使政府制定的相关政策和制度更具有道德合理性，有更广泛的群众基础，赢得更广泛的社会道德舆论的支持。通过道德感召来约束和规范人们的利益动机和利益行为，引导利益相关者合理确定自己的利益目标，自愿地以慈善、志愿或帮助等形式调整自己的利益需求，更容易形成良好的利益格局。伦理道德作为法律和制度的补充，与法律制度共同构成人们的行为规范内容，对协调利益相关者之间的利益不协调现象起到重要的作用。它可以从规范的角度，运用传统习俗、社会舆论的手段弥补人的有限理性及其应对复杂环境的不足。因此，在各利益相关者的利益协调中，运用柔性保障措施（如伦理道德机制等）来弥补刚性保障措施的不足是非常必要的。柔性保障措施框架图如图 6.5 所示。

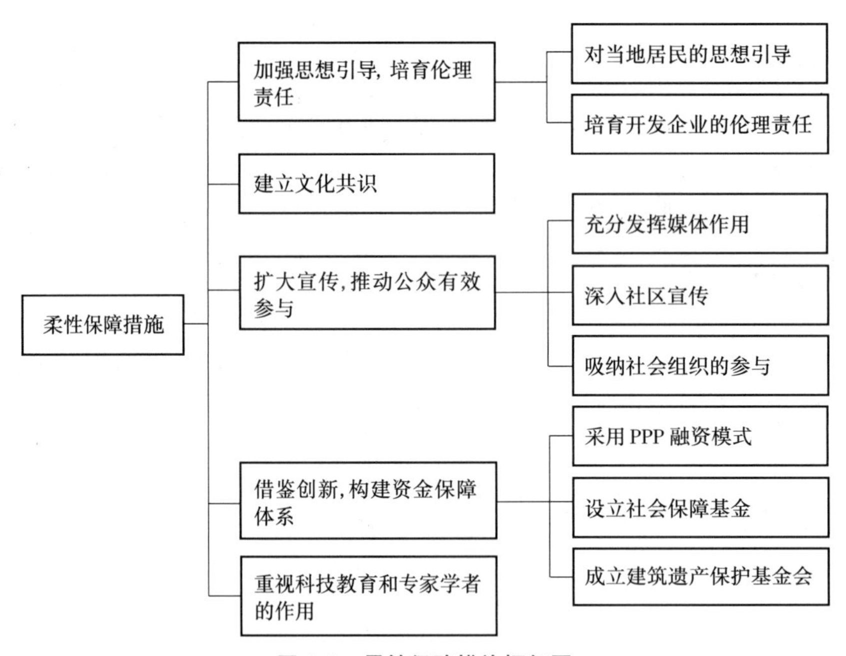


图 6.5　柔性保障措施框架图

### 6.4.3 刚性保障措施

协调各利益相关者之间的利益关系，一套对各利益相关者利益协调有效的法律法规制度结构体系和监督机制，是使本书提出的“多主体共同管治”的利益协调机制充分发挥利益协调作用的关键。为此，本书提出以下法律法规制度体系。

### 1）法律法规制度结构体系的保障

#### （1）建筑遗产保护法律法规制度体系

利用法律法规和政策的约束性，能够确保利益相关者对建筑遗产进行合理、有序的保护，可以按照宪法—法律—行政法规—部门规章、地方性法规、地方规章—规范性文件这样的层次来构建建筑遗产保护法律制度体系。法律法规的缺乏使得政府行政部门管理也无章可循。因此，从国家层面上，在《文物保护法》的基础上要建立健全建筑遗产保护相关法律。在地方政府层面上，要根据本地的实际情况，制定完善的建筑遗产保护法规和政策，做好地方法规、政策与《文物保护法》的衔接与实施。总之，需要建立和健全相应的法律法规来规范各利益相关者的行为，严厉打击损害社会整体利益的行为。

为避免盲目出台政策法规，相关政府部门应广泛征集专家和社会公众的意见和建议，各地要尽快出台建筑遗产保护管理办法和建筑遗产保护利用总规划，保障建筑遗产尽可能地得到保护。这些法律法规和政策应该涉及开发企业的责任（或权利义务）、违反法律和政策应承担的后果、采取的惩罚和制裁措施等，明确地方政府关于建筑遗产保护的权利和义务、地方政府行使权力和履行义务的程序等。地方法规中要明确地方政府各部门的责任、职能及相应的协调程序等，使政府的行政行为法制化、规范化。理论上说，地方政府在保护建筑遗产事务上具有不可替代的责任和优势。但我国地方政府长期的“缺位”和“错位”，使保护建筑遗产所涉及的各利益相关者的行为没有得到有效的监督和约束，造成了大量建筑遗产的破坏和毁灭。地方政府应尽力为保护建筑遗产创造良好的法律、法规制度环境，促进开发企业社会责任制度化。政府部门还要规范制度设计，牵头制定科学、合理、可执行的保护建筑遗产的相关制度，如督查工作制度、目标管理制度和考核问责制度等，以约束各利益相关者的行为，对现行的各项关于保护建筑遗产的制度进行梳理，完善或废止那些时过境迁、不合时宜的制度，建立健全保护建筑遗产相关的制度体系。

#### （2）公众参与保护建筑遗产的法规制度体系

目前，我国社会公众参与建筑遗产保护的渠道不够通畅，相关的实施细则和具体操作程序还不完善，公众参与的条款规定还缺乏操作性，公众参与的广度和深度上还缺乏具体、明确的表述。通过单纯的政府行为不可能保证公众全面、深度地参与，必须通过立法的形式来保障公众参与的权利。用法律制度的方式明确各方利益相关者在建筑遗产保护工作中的权责并严格遵照履行，特别是加大对建筑遗产有着破坏作用的行为的监管和惩罚力度，要在法律中约定好其所应承担的民事、行政或刑事责任。要加强立法和执法力度，对违规行为进行强制约束。在立法层面上，应明确规定公众拥有对政府做出的有关保护建筑遗产的各种措施发表意见、提出批评建议，并可以决定或否决政府某项决策的权利，制定公众参与建筑遗产保护工作的规范性文件。政府在就建筑遗产保护做出具体行政决策之前，要为公众提供恰当的渠道和机会来征求广大公众的意见和建议，提高立法质量。目前，我国的一些法律、法规和条例中虽然有关于公众参与的条款，但是由于界定不够清晰，公众参与的层面非常有限。我国目前的法律法规中关于“什么是传统文化保护中的公众参与”，以及“公众如何参与保护建筑遗产”等理论与实践问题没有进行系统、规范的界定，也缺乏具体的参与制度保障，可操作性不强。实践中，一些热心公众的参与行为不能达到预期的效果，也不能对周围其他公众形成有效的带动，打击了其进一步参与的积极性，因此应建立一套具有较强操作性与适应性的公众参与建筑遗产保护的法律制度，以示对参与建筑遗产保护工作的尊重，起到激励公众保护建筑遗产行为的作用。一些地方虽然开设了现场办公、市长接待日、市长热线、市长信箱等公众参与的方式，但由于缺乏合理的制度来规范公众的行为，使得公众的参与变成了“走过场”或“一阵风”。这种“告知性参与”对各利益相关者之间公平性的协调造成了一定的影响。

因此，要通过建立和完善公众参与的制度，健全公众参与的动力机制，引导公众深层次参与。通过信息公示、公众听证、社区会议、公众评审座谈会、民意调查、报刊、网络、广播电视等方式公开保护建筑遗产的相关信息，如建筑遗产现状、工作程序等。政府相关部门要重视建筑遗产保护工作中民间组织的建设，从管理、政策、人才等方面加大支持力度，设立有效通道让公众的参与意识变为参与行为，实现政务公开，向公众普及建筑遗产的相关基础知识和保护的意义及必要性，使市长信箱、领导接待日、现场办公等已有的公众参与渠道不再是形式主义。在选择公众参与的政策问题时要考虑居民参与的动机，政策的专业性要和参与公众的层次相匹配，即专业性强、质量约束高的政策就要选择层次较高的公众参与，而对于那些可接受性要求不高的政策可以选择较低层次的公众参与，这样不仅可以降低公众参与的成本，还可以避免公众参与的冷漠现象。通过电视、报纸、书刊、网络、媒体等加强公众与建筑遗产保护工作之间的联系。为了防止制度沦为空谈，在这些法律和制度中也要对政府的法律责任进行界定，如果政府未尽其责，也应承担相应的责任。

#### (3)绩效考核法律法规制度体系

绩效考核是一种有效的激励约束机制。长期以来，我国地方政府部分领导干部的注意力只放在经济发展速度上，忽视了地方文化的传承，这一现象与我国政府的绩效考核标准有关。合理的绩效考核制度能够促使各级地方政府和开发企业树立正确的利益观。因此，中央政府和地方政府都要改善政绩考核标准，这样才能改变地方政府和开发企业的行为方向。要提倡全面新型的政绩观，政府绩效不仅包括经济绩效、政治绩效，而且包括社会绩效和文化绩效。通过科学合理的绩效考核制度来激励、监督地方政府和开发企业的行为，以引导和约束地方政府和开发企业增强建筑遗产保护意识、减少破坏和拆除建筑遗产的不良行为。绩效考核制度包括对各级政府的考核制度和地方政府对开发企业的考核制度两部分。绩效考核是一种“基于绩效的问责”，是利益相关者接受政府组织及其成员就其绩效做出说明和交代的制度安排。可以借鉴西方发达国家的做法，用法律手段来规范政府绩效管理和评估活动。首先在基层地方政府加以试点和推广，以地方立法推动全国立法，以此来规范各级政府的绩效管理和评估工作。

a. 中央政府对地方政府的考核

在中央政府对地方政府的绩效考核方面，中央政府要注重地方政府在地区经济增长中的整体效益，注重地方的全面和可持续发展，在考核评价体系中增加社会性目标，优化政绩评价指标和考核方法，把保护建筑遗产、居民生活质量的改善程度、地区生态环境的保护等纳入各级政府的绩效考核体系，作为考核各级地方政府业绩的硬性指标，并和地方各级政府官员的任用、提拔、考核挂钩。各级政府在绩效考核中必须有完善的官员问责制度。中央政府要和各地方政府主要官员签订“责任状”，通过签订责任书的方式迫使地方政府官员履行其职责。中央政府在保护建筑遗产问题上实行一票否决制，如果地方政府官员在任期内没有保护好建筑遗产，将受到行政处罚，甚至免职。

b. 地方上级政府对地方下级政府的考核

各地方上下级政府之间都要签订“责任状”，上一级政府要对下一级地方政府实行一票否决制，只要下一级地方政府没有保护好本辖区的建筑遗产和当地的文化，不管当地的经济发展有多快，环境有多好，都被认为是当地政府的渎职和失职。对地方政府工作人员实行职位激励和经济激励相结合的方式，并使之制度化、常态化。增加对破坏建筑遗产行为处罚的透明度，通过新闻通报和在政府相关网站、行业网站上公示的办法，使地方政府和官员的形象受损，从而迫使地方政府和官员必须执行中央和上级政府的各项政策。对建筑遗产保护得比较好的地方政府进行经济奖励和政策上的倾斜，上级政府要把对下级政府的绩效评估结果及时公之于众，并在公共媒体上进行大力宣传和表扬。对监督保护不力的地方政府干部予以降级或免职，以警示他人勿重蹈覆辙。把保护建筑遗产绩效考核结果与该官员任免、升迁、退休待遇、荣誉等挂钩，评议结果连续两年倒数第一的单位主要负责人将被免职。完善与考核有关的法律和相应岗位及人员责任的相关规定，落实参与绩效考核的各部门和人员的责任，保证找到问责的依据，赢得公众对政府的信赖和支持，提升政府的形象和公信力。

c. 地方政府对开发企业的考核

在地方政府对开发企业的考核方面，地方政府要将保护建筑遗产纳入对企业的目标考核之中，同时在评价指标中增加承担社会责任、社会贡献、公共利益等社会性考核指标，考核企业的实际行动对社会产生的影响。在考核评价体系中，给保护建筑遗产赋予较大的权重，也和中央政府对地方政府的考核一样，实行保护建筑遗产一票否决制。地方政府要建立科学、合理的社会责任评价体系和监督体系，为了使考核过程和考核结果更为合理，采用360度评价方法，不仅地方政府要对企业的绩效进行考核，社会公众也要加入对开发企业进行监督和评价的队伍中，共同对开发企业进行监督评价。地方政府要将各企业的考核结果进行排序，并在政府相关网站和行业网站上予以公布，以此给各开发企业增加承担社会责任的压力和动力。

为了保证考核结果的科学性，从中央政府层面开始就要采用合理的考评方法，增加科学发展观和政绩观的要求，扩大考核主体的范围，在合理的考核周期内进行考核，使考核过程和考核结果更公平、合理，不是只看地方经济的增长，而是让广大社会公众共同监督和评价地方政府的行为。要扩大绩效考核的参与主体，采用360°评价方法，让政府官员的上级、下级、服务对象及官员自身都对地方政府的绩效进行评估，防止上级政府由于信息来源渠道单一造成的考核失误。这是以惩罚性的制度安排来防范建筑遗产保护工作中的机会主义行为，是建筑遗产保护工作健康发展的重要保障。建立健全地方政府绩效考核奖惩制度，就要建立中央政府对地方政府、上级地方政府对下级地方政府的绩效考核惩罚机制，对惩罚条款做出规定。在惩罚条款中，对惩罚的方式、惩罚的标准、惩罚的程序、惩罚的执行机构等都应明确。除了经济方面的条款外，还应明确对环境治理和生态保护不力等的惩罚规定，惩戒破坏地区生态环境和人文环境的主体。建立地方政府绩效考核惩罚基金或保证金，避免地方政府无钱可交，造成惩罚机制执行困难的情况发生。地方政府对下级政府的考核参照中央政府对地方政府的考核执行。

(4)奖罚并举的政策激励奖惩制度体系

激励奖惩制度具有对利益相关者的某种符合社会期望的行为不断反复强化和增强的作用。如果政府政策激励方面的制度比较健全，则利益相关者的“私利”行为就会得到一定程度的遏制。激励奖惩制度中除了正向激励制度外，还要有逆向激励制度，即有奖有罚，奖罚并举。通过制定激励制度，使保护建筑遗产的各利益相关者从冲突走向和谐合作，完善利益相关者的责、权、利机制，有助于平衡各利益相关者的经济利益，提高利益相关者的参与意识，达到各利益相关者共赢的格局。激励奖惩制度中要包含调动各利益相关者积极保护建筑遗产的诱导因素，要在制度中规定各利益相关者所期望的努力方向、行为方式和应遵循的价值观。

中央政府和地方政府都要制定完善的政策来激励各利益相关者保护建筑遗产的积极性，动员全社会力量、鼓励民间资本参与到建筑遗产保护中来。建立促进各级政府、开发企业履行社会责任的激励奖惩制度，要在激励奖惩制度中约定好补偿的办法，如对建筑遗产保护得好的地方政府，中央政府通过直接向地方政府拨款的方式，对地方政府建筑遗产保护工作进行经济补偿和奖励，并实施政策上的倾斜。地方政府要对建筑遗产保护工作做得好的利益相关者实施经济奖励和公开表扬，使之形象得到提升。对积极参与保护建筑遗产、保护效果较好的开发企业给予财税、土地等政策上的优惠，分阶梯给予用地指标奖励。地方政府予以一定的资金或技术支持来补偿开发企业因保护建筑遗产而失去的经济利益，并将补偿办法也写进激励政策中。地方政府还应当通过一定的政策倾斜给开发企业以支持，弥补开发企业因遵守相关保护规划而承受的损失。企业也应制定相应的激励体系，提高员工的执行力和参与积极性。地方政府可以给积极保护建筑遗产的企业提供政策上的优惠，如在税收、贷款或项目审批等方面提供一定的优惠和便利等。为了保障激励奖惩制度的有效性和可行性，要在激励奖惩制度中明确经济补偿和奖励的额度，削弱其拆除建筑遗产的动机。但对个人的补偿要避免补偿额过高从而使部分当地居民出现“懒惰”行为。只有广泛吸纳、引导公众参与政策的决策和执行，才能使各方利益得到有效协调。树立典型、鼓励先进，对在建筑遗产保护工作中涌现出来的优秀的地方政府干部优先提拔任用。对在保护建筑遗产工作中做出突出贡献的部门和个人进行特别嘉奖，同时也要对破坏建筑遗产的企业或个人进行严惩。对推进不力的单位和个人要进行问责，加大追责的力度，对违反游戏规则或实施机会主义的利益相关者给予重罚，让违反规定者付出比收益多得多的成本，使其投机行为得不偿失，逼迫他们承担社会责任，打消违规念头。地方政府通过自己的监督管理职能，监管开发企业的开发行为，也要通过政策鼓励开发企业之间的竞争。当地民众不仅要监督开发企业的建设行为，同时也要监督地方政府是否充分履行了监管职责，有没有“寻租”和玩忽职守行为等。

(5)企业和社会组织社会责任立法制度体系

法律责任是企业社会责任的主要内容和表现形式，因此要重视企业社会责任的立法和执法工作。完善企业关于文化保护、环境保护的社会责任的相关法律法规。发挥社会公众、新闻媒体以及非政府组织等在内的社会力量对企业履行社会责任的推动和监督，促使企业在建筑遗产保护工作中自觉履行社会责任。通过责任追究这种逆向激励的手段，让政府官员和企业明白，一切行动应在制度和政策允许的范围内。

(6)利益表达制度体系

信息不对称现象是许多道德风险行为产生的根源，而这种现象严重阻碍了建筑遗产保护的健康发展。因此，有关部门要做到建筑遗产保护信息公开化，包括文物局等文化行政部门的信息也要公开，以媒体、网络等为平台，及时让各利益相关者知晓建筑遗产保护的重要政策法规，建立良好的信息披露制度，政府应加快信息平台和信息通报系统的建设。在建筑遗产保护过程中，政府部门要尽量消除信息不对称的现象。我国目前缺乏国际上通行的弱势群体表达自己利益的制度化方式，比如近些年频发的拆迁和征地纠纷、农民工工资的拖欠等，都是因为缺少制度化的利益表达渠道造成的。因此，需要用有效的制度来容纳和规范各利益相关者的利益表达，建立畅通的、多层次的上情下达、下情上达的利益表达通道，使各利益相关者共同参与利益诉求，结合实际尽快建立民意调查制度、信息公开制度、听证会制度、公众投票制度、协商谈判制度、信访工作责任制度等，保障公众对涉及自身利益的信息具有知情权。要进一步完善重大决策的制定规则和程序，让公众及时了解建筑遗产保护的有关情况，并充分发表他们的看法和意见。公众参与的过程就是公众观念与想法沟通和整合的过程，保障各利益相关者利益诉求民主化、科学化、合理化。积极拓宽公众参与的渠道，公众的意见可以为政府有关部门及开发企业的决策起到一定的参考作用，甚至能够帮助他们修正决策的失误。引导各利益相关者以理性、合法的形式表达利益诉求、解决利益矛盾，使各利益主体在理性精神的指引下，切切实实地参与到建筑遗产的保护之中。

合理的法律法规制度体系应该既要保障利益相关者的利益得到实现，充分调动利益相关者的积极性，如政府对开发企业和当地居民的激励政策或制度等，还要有效协调利益相关者之间的利益冲突，尽量减少利益相关者的社会净福利的损失，消除经济行为中可能存在的外部性与机会主义行为。

制度建设是一项系统的社会工程，要从系统性出发，从各利益相关者的行为倾向和需要出发，综合考虑利益相关者的整体性和平衡性，最大限度地引导利益相关者在保护建筑遗产中实现自己的利益最大化。为此，要完善相关制度，使之法律化和规范化。还要强化制度落实，建立高效合理的处罚机制，最大限度地引导各利益相关者的行为朝着有利于保护建筑遗产的方向进行，减少因破坏建筑遗产而导致的各方面成本的增加，使建筑遗产保护工作在各利益相关者利益相对协调的情况下有序进行。

### 2）监督机制

再完善的法律制度体系如果缺少了监督，都会形同虚设。监督是为了避免强势利益相关者的"道德风险"或"寻租"行为的出现，借助惩罚制度，实现各利益相关者之间的相互制衡[78]。尽管我国已经出台了一些关于建筑遗产保护的法律法规，但由于相关政府部门的工作人员对制度的认识和理解不够到位，再加上一些制度和法规存在一定的漏洞、可操作性差，公众无法对利益相关者进行监督和约束，造成了他们有法不依、执法不力，导致我国建筑遗产保护监督工作具有偶然性，即没有形成有效的制度性监督机制。监督的缺位加上利益的驱动，出现了地方政府和开发企业透支开发和快速变现建筑遗产的现象。因此，从维护建筑遗产保护利益相关者的利益出发，我国必须建立和完善有效的行为监督机制，从而实现各利益相关者之间的有效监督，以确保每一位利益相关者的利益目标与整体目标协调一致，有效减少城镇化过程中可能出现的建筑遗产大量破坏的现象，为后人留住可持续发展的资产，避免外部不经济性现象的发生。

#### （1）协调委员会监督

协调委员会可以通过信息共享和反馈方式进行监督，信息反馈能克服面对面沟通的障碍，消除合作过程中的误解，可以使建筑遗产保护的效果得到及时改进。每个部门都要将掌握的信息共享，共同商议解决办法，及时有效地处置破坏建筑遗产的行为。建筑遗产保护协调委员会通过召开定期例会，对建筑遗产保护工作中出现的问题进行沟通和协调，加强建筑遗产保护工作的统筹指导、协调推进。在建筑遗产保护过程中，要建立健全监督机制和问责机制，对各种违法行为进行追究和惩处，使责任追究更具有针对性、操作性和实效性，其违法行为的直接责任人和主管领导具有不可推卸的责任。国家层面的协调委员会通过国家层面的制度和规章来规范和监督地方政府在城镇化中的行为，地方层面的协调委员会通过地方层面的制度和规定来监督开发企业的开发行为，及时发现存在的问题，定期或不定期检查开发企业是否偏离了保护建筑遗产的方向。

#### （2）社会公众监督

社会公众监督包括舆论监督和民众（包括社会组织）监督。社会舆论具有很强的口碑效应和广泛性，威慑力较强。我们只有将社会公众纳入保护建筑遗产的决策和监督的实施主体之中，才能使公、私权力形成制衡，才能有利于建筑遗产保护工作总体目标的实现。因而，发挥社会舆论的监督作用，在降低监管成本的同时，又起到了监督的作用。舆论监督中最重要的就是来自当地居民和媒体的监督。当地居民既是建筑遗产保护的直接执行者，又是建筑遗产保护不可或缺的、积极的监督力量。媒体监督在加强宣传、提高社会公众的保护意识方面有着相当大的影响和作用，尤其是媒体所特有的对不良行为的曝光特权，对政府部门、开发企业都具有相当的威慑力。有的利益相关者为了使自己的私利得到满足，会损害其他利益相关者的利益，从而使保护建筑遗产的整体利益受损。因此，设立举报制度，鼓励社会公众对破坏建筑遗产的行为进行举报，对玩忽职守、滥用职权、徇私舞弊的政府工作人员也要进行举报，视情节轻重，依法给予严厉的经济处罚或行政处罚。通过媒体将企业不负责任、肆意破坏建筑遗产的行为曝光，给企业施加负面影响，让企业得不偿失。另外，网络监督正在成为监督领域的不可忽视的力量。通过网络，监督意愿能够非常快速地直接送达被监督对象，大大地加快了公众和政府的回应速度。因此，我们要充分地让网络监督发挥作用，让广大民众通过网络监督，使更多的建筑遗产能够被保护下来。

(3)专家监督

相比于民众监督，专家监督更为专业，其意见和建议更能引起政府决策部门的重视。专家可以利用科研课题调研的机会，对各地建筑遗产保护情况进行监督。专家所在的行业协会、学术研究机构也可以对建筑遗产保护进行监督和评价。这些机构结合专家建议和政府决策，通过公开相关信息，建立公开透明的监督交流平台，做好加强监督的宣传工作，各利益相关者之间也要互相监督和制约，让各利益相关者了解监督、参与监督、支持监督。

协调委员会监督、社会公众监督（舆论监督和网络监督）、专家监督相互配合，相辅相成。社会公众监督范围广泛、形式灵活、群众参与度高、影响力大；协调委员会监督是专门性的监督，威慑力强；专家监督专业、高效；网络监督面广、快捷。这些监督上下联动，功能互补，能够形成比较完整的监督体系。

### 6.4.4 柔性保障措施

#### 1)加强思想引导，培育伦理责任

地方政府要担负起培育各利益相关者的责任伦理的重担，提供责任伦理成长的文化土壤。通过建立一套伦理道德规范体系，培育根植于人们内心深处的正确价值观念，从思想和意识上指导和影响人们的行为，就能够妥善处理各利益相关者之间的关系，从而在建筑遗产保护工作中，实现各利益相关者的利益要求，使建筑遗产保护工作能顺利开展。

思想是行动的指南，只有从思想上重视了建筑遗产的保护工作，才能使更多的建筑遗产得到保护。思想引导是一项复杂的系统工程。媒体的宣传、学校的教育、社会舆论的营造，

培养各利益相关者的伦理责任、提升社会公众的文化自觉等都属于思想引导的范畴。面对建筑遗产保护工作中的各种利益需求，政府要多方位教育，引导社会公众合法、合理地获取利益。西方很多国家对孩子从小就进行文化遗产保护教育，如法国、西班牙等，而我国只有少数几所高校开设了建筑遗产保护相关课程，如同济大学开设了历史建筑保护工程专业，北京大学开设了世界遗产选修课等。

在实现保护建筑遗产整体利益最大化的过程中，每个利益相关者的动机、目标不尽一致，同一利益群体中的不同个体追求的利益目标也存在差异。要引导各个利益相关者能够牺牲某时期不太重要的利益而成全其他利益相关者的利益，只有树立系统论思想，加大对利益相关者系统利益观的教育培养，使其深刻明白只有得到所有利益相关者的支持与合作，才能使得整体效应有效发挥，才能保证各利益相关者的利益均衡地得到满足。

(1)对当地居民的思想引导

当地居民是建筑遗产保护与传承不可或缺的重要主体，广大市民既是推动者，又是受洗礼者，市民要不断地接受洗礼。要培育和激发当地居民的责任意识和参与意识，提高当地居民的文化自觉性和文化欣赏力，培育他们积极承担社会责任的热情，使居民对建筑遗产的态度由“与我无关”到“积极响应与合作”转变。各级政府和各媒体要从道德和文化入手，引导广大民众积极为保护建筑遗产出力。要培育城市的责任伦理，包括市民的社会责任意识，多创造条件形成责任伦理成长的社会机制和文化土壤。政府应充分发挥媒体的社会舆论导向作用，利用广播、电视、报刊、网络等公共媒体对公众进行引导，增强社会公众的伦理责任感，让公众参与建筑遗产保护成为一种文化和习惯。政府相关部门有责任把目前建筑遗产保护的必要性和意义、建筑遗产的保护情况，如保护的资金情况、保护中遇到的困难等信息告知民众。民众只有知道了具体情况，才能理解建筑遗产的保护工作，才会自觉地承担起保护本地建筑遗产的责任，留住本地传统文化。

地方政府要通过各种有效途径，鼓励专家学者到企业、学校、社区做公益讲座，营造良好的保护建筑遗产的舆论氛围，让各利益相关者都能对建筑遗产的价值、保护建筑遗产的重要性有较为深入和全面的认识，培育社会公众的文化意识和文化欣赏力，引导他们积极主动地参与到建筑遗产保护中来，形成全社会关心、爱护并积极参与建筑遗产保护的氛围，提高各利益相关者对建筑遗产的重视、爱护和亲近感。

(2)培育开发企业的伦理责任

由于开发企业在城市建设中起着非常重要的作用，因此地方政府应把工作重点放在开发企业身上，通过召开会议、专题学习等方式，引导房地产企业转变开发观念，规范他们的开发行为。在市场日益成熟的今天，开发企业之间的竞争日益激烈，一些开发企业通过对传统文化、自然生态的保护来提高自己的竞争力，如瑞安集团通过参与上海新天地的改造，扩大了企业的影响力和社会形象，因此企业必须将文化与自然环境的保护放在首位。地方政府相关部门应通过经济手段激励开发企业积极承担社会伦理责任，帮助开发企业树立责任开发意识，使企业的行为合乎伦理规范，即符合社会公众所期许的好的标准，避免损害其他利益相关者的利益。政府要通过引导，培育其在社会经济层面与社会伦理层面的可持续发展观，使企业承担更多的社会责任，通过诚信制度的建立，为企业提供外部的约束机制。要让企业明白自己应作为一个社会人参与保护和开发建筑遗产，并促使其将履行社会责任的意识融入企业文化。开发企业要承担起提高企业员工职业道德与职业素养的责任，保护自然环境与尊重当地特色文化的责任，保障社区居民正当权益的责任，合理开发、诚信服务的责任。各企业负责对自己的员工进行系统的道德培训，在培训中要让员工理解企业所肩负的社会责任。

培育开发企业的伦理责任不能完全靠企业家的自觉，也不可能自发形成，其他力量也要对开发企业的责任承担进行约束和推动。政府、行业协会、媒体等要形成合力，共同引导企业转变开发观念，让开发商意识到，蕴含在建筑遗产文化艺术价值背后的巨大经济价值和经济利益是属于全社会的，并非开发企业独享，要引导、督促开发企业树立企业和社会双赢的战略观，成为"责任房企"。只有多管齐下，如同商业广告的宣传一样，使保护建筑遗产的呼声不绝于耳，才能使建筑遗产保护工作深入人心，从而使各利益相关者衍生出保护建筑遗产的意念和动力。

### 2）建立文化共识

提到建筑遗产保护，不能不考虑文化的因素。从文化价值视角来审视建筑遗产保护中各利益相关者之间的利益冲突，是协调建筑遗产保护各利益相关者之间利益冲突的思想基础。城市文化是城市的血脉和灵魂，是一个城市的软实力，是城市核心竞争力的重要组成部分。城市管理工作需要文化的融入和引领。国内外的历史经验表明，城市特色因文化而灵动、城市形象因文化而展现、城市实力因文化而倍增。成功的城市管理都是以文化意识指导城市建设和管理的，文化可以为城市管理指明方向、增添动力。因此，在城市管理中，管理者应肩负起重要使命，自觉增强文化意识，主动用好文化元素，积极提升城市的文化品位，善于用文化视野谋划城市管理工作，用文化理念提升城市管理品位。在城市更新改造中融入城市文化的意识，会减少甚至避免对建筑遗产盲目的破坏。要用整体的观点对待建筑遗产，既要保护建筑遗产，又要保护其周边环境。建筑遗产这一文化生态资源具有传承性和增值性的特点，建筑遗产越能够被合理地保护和利用，价值就越大。

### 3）扩大宣传，推动公众有效参与

通过宣传和教育，使保护建筑遗产的意识融入当地民众的精神血脉。通过宣传教育，让当地居民了解建筑遗产保护的意义及积极影响，让当地居民更积极、乐观地与其他利益相关者沟通、合作。因此，应从以下几个方面努力，推动公众的有效参与。

(1) 充分发挥媒体作用

媒体具有传播范围广、影响力大等优点，有关部门可以充分利用媒体的舆论平台进行宣传，加强媒体的宣传和监督力度，同时通过增强媒体对破坏建筑遗产行为的曝光度，对建筑遗产保护工作进行监督。对积极保护建筑遗产的企业在媒体上加以表彰和宣传，在行业中树立典范，提升其企业形象。对私自破坏建筑遗产的企业要公开曝光，进行经济处罚，必要时对其停业整顿。还可以利用媒体普及保护建筑遗产的相关文化知识及参与保护的注意事项，及时报道相关政策法规的出台。政府要引导各类舆论媒体增强社会责任感，积极宣传、弘扬社会正气，搞好舆论监督，完善保护建筑遗产的社会监督机制，让他们促进形成全社会关心、爱护并参与保护建筑遗产的氛围。通过舆论媒体的引导，充分动员社会力量参与保护建筑遗产，坚决打击、揭露建筑遗产破坏行为，实行有奖举报和宣传。在当地旅游局、文物局等相关部门网站首页设立建筑遗产专题，将建筑遗产的分类和等级、建筑遗产的具体情况等通过文字、图片、图像或声音资料等在网站上展示出来，做到信息透明公开。在影视剧中可以有意识地突出建筑遗产的内容，彰显当地的地域文化特色和传统文化魅力。

(2)深入社区宣传

在建筑遗产保护工作中，要充分发挥社区居民和民间团体在宣传、教育、传承、保护等方面的作用，营造保护建筑遗产的社会氛围，增强全民保护建筑遗产的参与意识。在公园或广场设立建筑遗产文化长廊进行展览，图文并茂地展示有代表性的建筑遗产项目，在给居民带来文化知识和视觉愉悦的同时，增强他们保护建筑遗产的意识。也可以在图书馆、书店、群艺馆、高校等地进行建筑遗产图片宣传、著作免费阅读、开设专栏等方式吸引广大民众关注建筑遗产，增加建筑遗产的感知力，在全社会广泛开展建筑遗产知识的普及。还可以进社区、进学校、进企业、进机关，通过举办论坛、讲座、宣传会或座谈会的形式，对开发企业和社会大众进行建筑遗产保护的意义和价值方面的介绍和宣传，使公众更多地了解建筑遗产的丰富内涵。要从小学生抓起，让他们从小树立保护建筑遗产的意识，如参观时不乱摸乱刻乱画等，这是一项长期的工作，应常抓不懈地动员、传播、教育和引导居民的行为，甚至形成一种制度。这既需要政府的主导，又需要市民的广泛参与，不可能一蹴而就。

(3)吸纳社会组织的参与

欧美国家的经验证明，社会化的组织是最有效的、低成本的利益表达主体。社会非营利性组织是建筑遗产保护的重要力量，能够弥补“政府失灵”和“市场失灵”所造成的缺陷。在英国，环境部规定，古迹协会、不列颠考古委员会、古建筑保护协会、乔治小组和维多利亚协会具有参与遗产保护的法定地位，从而从法律上保证了社会非营利性组织的参与地位。我国在这方面做得还不够，因此，各地方政府要重视本地非政府组织（如学界、社团、基金会、民办非企业单位、志愿者组织、义工组织等）在保护建筑遗产工作中的作用。志愿者和义工组织还可以使民意有效通达，他们可以承担由下而上了解民意、由上而下传达政府政策的职责。比如重庆就在网上广泛征集建筑遗产保护志愿者，以吸收广大公众的参与。遗憾的是，公众参与的热情似乎并不高，其中一个重要原因是相关部门对建筑遗产保护工作的宣传不够,公众对建筑遗产保护工作知之甚少。

在建筑遗产保护工作中,社区团体的力量不容忽视。社区团体是当地居民联合起来成立的组织,他们为了共同的目标暂时或长期性地联合起来,以促成目标的实现。这类团体不同于其他非营利性组织,他们实质上更关注自身的利益诉求。对于这类参与主体,最好的方式就是引导他们集合团体成员的力量,将各成员的自有资金集中起来,参与到遗产保护工作中,为建筑遗产保护工作出钱出力。

### 4)借鉴创新,构建资金保障体系

许多西方发达国家建筑遗产保护的资金主要来自基金会、企业、社会团体、个人等的赞助。意大利相关法律规定,将彩票收入的8%作为文化遗产保护的资金。法国采取设立文化信贷的方式保护建筑遗产,成立保护抢救建筑遗产的专门基金会。由于我国建筑遗产保护各环节主要由政府主管和操作,因此来自社会力量的保护资金相当缺乏,基本上以政府拨款为主,而单纯依靠政府的投入远远不能满足建筑遗产保护对资金的需求。积极吸纳私人和社会资本是我国今后募集建筑遗产保护资金的一条行之有效的措施,通过走"公私协作"之路,多渠道筹措资金。政府要制定筹集资金的政策措施,如给予税收优惠、减免或低息贷款等激励方式来吸引私人或社会资本的参与和投入。通过政策扶持,形成激励机制,动员全社会力量,鼓励不同经济成分和各类投资主体以不同形式积极参与保护建筑遗产。

(1)采用 PPP 融资模式

可以采用 PPP(Public-Private-Partnership)融资模式来解决建筑遗产保护资金的短缺问题。PPP 融资模式是公共基础设施建设中发展起来的一种优化的项目融资与实施模式。这种合作方式可使合作各方均受益,而这种受益是任何一方单独行动都不能获得的。PPP 模式的运行机制核心是公私合作、协调与共赢。

(2)设立社会保障基金

各级政府可以从土地出让金、各种税费等资源的有偿使用收益中,提取一定数额的资金进入当地民众社会保障资金,作为维护建筑遗产的专用账户,对建筑遗产保护专项基金进行预算,并接受财政部门和审计部门的监督。

(3)成立建筑遗产保护基金会

可以通过发行地方彩票、培育公益性的信托组织、鼓励个人或各种组织的募捐等方式筹集保护建筑遗产所用的资金。鼓励社会非营利性组织、金融机构、民间资本对建筑遗产保护进行投资或捐赠,逐步构建多层次、多元化的资金保障体系。西方许多发达国家成立了建筑遗产保护基金会,如法国、美国、英国等。2006 年 6 月上海阮仪三城市文化遗产保护基金会的成立,标志着我国遗产保护机构非政府组织形式的开端。

### 5)重视科技和教育的力量,充分发挥专家学者的作用

在建筑遗产保护技术方面,我国修复建筑遗产的技术和人才都比较欠缺,传统的修复技术不能满足建筑遗产对原真性的要求,使得一些被保护下来的建筑遗产的修复工作不能较好地完成。因此,为了保持建筑遗产的原真性,政府应加大技术和专业人才的引进、培养力度,建立和完善专家咨询和技术支撑系统,建立健全充满活力、灵活的用人机制,鼓励建筑企业和相关技术人员研发新的建筑修复技术,或者组织他们到全国甚至世界建筑遗产修复得比较好的地方去,考察和学习别人的修复技术和经验,从而使建筑遗产能够被原真性地保护下来,更好地延续城市文化。为此,应加大科技研发投入力度,与高校、研究所等相关科研单位密切合作,积极“借脑引智”,通过科研课题招标的方式,将建筑遗产保护领域内的关键技术问题交给科研院所的专家学者来完成,让他们帮忙解决建筑遗产保护领域内的关键技术和保护策略等问题,建立以专家学者为核心的技术咨询机构。在中小学校,把建筑遗产教育列为青少年素质教育的重要组成部分,理论和实践相结合,课外时间组织学生参观建筑遗产遗迹,让学生们近距离接触和感受建筑遗产的魅力,培养他们爱国爱家的情怀,增强他们保护建筑遗产的责任感和使命感。在高校设立建筑遗产保护专业,设立建筑遗产保护机构,培养建筑遗产保护专业技术人才。在校园内成立建筑遗产社团,通过社团的作用,提高学生保护建筑遗产的历史责任感。也可借鉴韩国的经验,通过设立建筑遗产传授教育馆的方式,教育学生树立保护建筑遗产的意识。将优秀建筑遗产的内容、发展历程编入教材,在学校开设建筑遗产相关课程,从学生时代就开始给他们灌输建筑遗产保护的理念和知识。

充分发挥专家学者具有的学术优势,做好建筑遗产的认定、审查、评级和保护工作。专家学者可以通过讲座或学术报告向人们宣传保护建筑遗产的相关知识,提高人们对建筑遗产保护工作的认识。

## 6.5 本章小结

本章在前面几章的铺垫下,提出了政府主导、协调委员会监督、专家(学界)咨询、开发企业配合、公众参与的“多主体共同管治”的利益协调机制。为了使各利益相关者之间的利益协调更为有效,在多主体共同管治的利益协调机制内部,又构建了地方政府、开发企业和当地居民这 3 个最主要的利益相关者间的“三角闭环互动”利益协调推进机制,3 个主要利益相关者在利益关系上相互依赖、相互制约,形成了一种“关系共生、利益共享、目标共赢”的局面,有效地实现了各利益相关者之间利益的相互制衡。为了理清各利益相关者之间的关系,本章对利益协调机制运行的保障措施及必要性进行了较为详细的阐述,刚性和柔性的保障措施能够共同保障所提出的利益相关者利益协调机制的有效应用和良好效果。在建筑遗产

保护工作中,要充分发挥每一个利益相关者的作用,让每一个利益相关者都能承担起相应的建筑遗产保护责任和社会责任。只有在社会各界的共同努力下,建筑遗产保护工作所涉及的各利益相关者的关系才能比较协调,建筑遗产才能被较好地保护下来。

# 7

# 多主体共同管治利益协调机制应用的实证研究

本章选取重庆磁器口历史街区建筑遗产保护的实例来验证第 6 章构建的多主体共同管治的利益协调机制应用的有效性。重庆磁器口历史街区经过更新改造,解决了部分闲散人员的就业问题,同时给当地政府和居民带来了较大的经济收入。尽管磁器口历史街区保护还存在许多问题(如当地居民的心声和诉求没有得到应有的重视,导致公众参与的广度、深度不够;政府也无相应的激励机制鼓励当地民众保护历史街区环境,导致磁器口文化气息较弱、生态环境负担过重、表面喧嚣繁荣而背后却落后凄凉),但是从一定程度上来说,磁器口历史街区的保护相比于更新保护之前取得了较大的成绩,也得到了一些专家和学者的肯定,旅游人数和旅游收入逐年上升。

## 7.1 实证背景介绍——重庆市磁器口历史街区

### 7.1.1 地理位置

重庆磁器口历史街区是中国唯一一个位于大都市核心区的历史文化街区,是重庆市唯一立法保护的历史街区。磁器口辖 1.5 平方千米,磁器口历史街区距沙坪坝中央商圈约 3 千米,距渣滓洞、白公馆 2 千米,距重庆市政府驻地 14 千米,是国家 AAAA 级旅游景区。磁器口历史街区拥有"一江两溪三山四街"的独特地貌。旧山城特有的吊脚楼、石板街、梯坎路、临街旧式茶馆等历史陈迹都完好地保存在磁器口大街上。磁器口陆路、水路交通畅达,有地铁和 10 多路公交汽车直通全市,有游船可通往朝天门码头等地。公共服务设施较为完善,内设有 5 个社区居委会、2 个派出所、1 所中学、2 所小学、4 所幼儿园、1 所医院、1 个邮电局等公共服务设施。磁器口南北长 1 360 米,东西宽 1 320 米,面积 1.18 平方千米,下辖 42 条路、街巷和 11 个居民段。

## 7.1.2 历史沿革

《巴县志》记载,磁器口建镇于宋真宗咸平年间(998 年),解放后定名为磁器口。旧时的磁器口,因其经济繁荣,有“小重庆”之美誉。重庆作为陪都时期,有摊贩 760 多户,食品糕点业 26 家,棉纱布业 20 家,茶馆酒馆 116 家,每天都有 300 多艘(船均载重 10 吨)货船进出码头。码头上从早到晚,水陆两路,商旅川流不息,络绎不绝。磁器口的繁荣在 20 世纪 60 年代达到鼎盛。20 世纪 90 年代后,随着水上运输重要性的下降,磁器口逐渐衰落、萧条。1998 年,国务院在批准重庆市城市总体规划时,明确要求重庆市政府对磁器口历史街区要给予特别保护。自此,重庆市各级政府开始了对磁器口历史街区的保护更新。目前,磁器口历史街区是国家 AAAA 级旅游景区、十大“中国历史文化名街”之一。2015 年,磁器口又被中华人民共和国住房和城乡建设部和国家文物局评为第一批中国历史文化街区,是重庆市唯一获此殊荣的街区。

## 7.1.3 文化底蕴

磁器口历史街区文化底蕴丰厚,巴渝文化、宗教文化、沙磁文化、陪都文化、红岩文化都凝聚于此。磁器口有钟家院、翰林院、宝善宫等历史文化景点,其古朴、浓厚的巴渝民俗风情已成为重庆重要的旅游品牌,磁器口民俗旅游文化节、春节庙会、中秋赏月等已成为重庆节庆活动的品牌。

### 1)地方特色

由于磁器口目前还有相当比例的原住居民,他们的生活习惯(如舞龙、打更、剪纸、包粽子、舂糍粑等)至今仍原汁原味地保存,成为老重庆的缩影,还有糖关刀、木雕等传统手工艺,茶馆书场、川剧玩友等都具有浓郁的地方特色。

### 2)建筑特色

磁器口历史街区传统建筑群主要为传统街巷、寺庙、会馆及传统四合院和店宅,构造类型丰富多样。街巷总长度约 2 000 米,空间尺度宜人,功能复合多用,是典型的山地城市体系的范本。街巷两侧建筑依山就势,错落有致,建筑外部空间高低起伏,组成富有特色的巴蜀院落空间,这是典型的巴渝沿江山地建筑风格,独具特色的民居和山体巧妙融合,充分体现了人与建筑、建筑与自然的亲和与随意。宝轮寺中现存的大雄宝殿和药师殿两栋建筑,风格特异、形式多变,体现了重庆地域建筑的特色。磁器口历史街区更新改造避免了大拆大建,采用了小规模改造的方式,以吸引和发展小规模商铺为出发点,较好地保护了磁器口历史街区原有山地建筑的形态和空间尺度，延续了磁器口的传统风貌和肌理，使得磁器口历史街区成为重庆的一张亮丽名片。

**3）文化遗址**

在漫长的历史岁月中，众多达官贵人、骚人墨客在磁器口留下了足迹，如建文帝、孙文治、黄钟音、段大章、郭沫若、丁肇中、林森、徐悲鸿等都对磁器口的繁荣发挥了重要作用。历史名人在磁器口的活动，留下许多文化遗址，成为磁器口历史文化的载体，如宝轮寺大殿、深水井、双龙古桥、太平桥、灯笼桥、仁寿桥、文昌宫古寨遗址、四川省乡村建设学院旧址、嘉陵实验小学旧址、百年老店聚森茂旧址、重庆市庆磁航运公司旧址、小重庆碑（原碑系林森题，已毁，现碑为 2012 年重刻）、抗日阵亡将士纪念碑及汪逆跪像、鑫记杂货铺等。

## 7.2 磁器口历史街区的利益相关者分析

磁器口历史街区更新保护中所涉及的利益相关者有政府（包括中央政府和地方政府）、磁器口管委会、当地居民、开发企业、旅游企业、旅游者和历史街区关心者等。

### 7.2.1 地方政府

这里的地方政府是指重庆市人民政府、重庆市规划局、重庆市城乡建设委员会文物处、重庆市文化和旅游发展委员会、磁器口所属沙坪坝区政府等职责涉及文化遗产的政府机构及职能部门。地方政府负有制定地方性政策和规章制度的职责，是磁器口历史街区社会经济活动的组织者和管理者。地方政府为了发展经济，大力开发、宣传磁器口历史街区，近些年磁器口历史街区的知名度和旅游人数、旅游收入不断增加。

### 7.2.2 磁器口管委会

为进一步加强对磁器口历史街区的打造力度，2001 年 6 月，沙坪坝区专门成立了磁器口历史街区保护与旅游开发管理委员会（以下简称“磁器口管委会”），是磁器口的直接管理部门。磁器口管委会成立之后，直接代表沙坪坝区政府统筹、协调磁器口的保护、建设、管理等方面的重大事项，其职责包括：负责磁童片区古镇传统历史街区的保护与旅游开发，加强与红岩联线、歌乐山生态保护带的协作，旨在将片区建成为集红岩文化、巴渝文化、抗战文化、沙磁文化于一体的旅游经济圈，提升片区的旅游形象。

### 7.2.3 当地居民

磁器口历史街区当地居民是指居住在这里的原住居民。磁器口历史街区的旅游发展离不开当地居民的认可和支持，他们是磁器口历史街区发展中非常重要的一部分。然而，在近些年的保护发展中，当地居民的心声和诉求没有得到应有的重视。地方政府在统筹全局方面做得不够，在努力宣传和经营磁器口历史街区的同时，忽视了居住在磁器口主街之后的广大居民的心理感受和需求。经过调查发现，这些居民至今仍然过着非常简朴的生活，居住环境比较恶劣，生活设施较差，有些居民家中甚至没有单独的卫生间，日常如厕只能去公共卫生间。

### 7.2.4 开发企业

开发企业是指磁器口保护开发有限公司，其职责是组织磁器口历史街区保护建设及相关产业的开发。对开发公司来说，保护磁器口历史街区是其职责，但是它具有双重期望：一方面，希望通过保护磁器口历史街区获得更多的利润和社会影响力；另一方面，它又不愿意投入过多的成本来保护和维修现有建筑。

### 7.2.5 旅游企业

旅游企业是指旅游交通公司、航空公司、旅行社等。他们的利益需求是希望通过扩大旅游提高自己的收入，因为他们只是关注自己的收益，作为一个相对的局外人，他们对磁器口历史街区保护的关注度比较低。

### 7.2.6 旅游者和历史街区关心者

旅游者是指来磁器口历史街区旅游的游客，是磁器口历史街区的消费者，他们的消费领域涉及对磁器口历史街区当地的自然环境、文化习俗等方面的了解和消费购物等，他们最大的心理动机是得到心、眼、口的满足和最佳体验。旅游者希望看到和感受到磁器口历史街区最原真、完整的状态，因此从这个意义上讲，旅游者对磁器口历史街区具有保护的动机。但是，由于旅游者的素质参差不齐，再加上他们的非本土心理，有的旅游者可能不会刻意保护磁器口历史街区的环境，如乱丢垃圾、随意到处刻字留念等，从这个意义上讲，他们又对磁器口历史街区具有一定的破坏性。同时，如果磁器口历史街区的交通、住宿、餐饮不能满足旅游者的要求，就会影响他们对磁器口历史街区文化的感受程度，从这个意义上来讲，他们又具有强烈的开发保护渴求，希望磁器口历史街区能够完善相应配套和服务。

磁器口历史街区关心者主要包括媒体、学界、社会组织等。媒体主要指重庆本地的媒体，学界则包括来自全国的专家学者。

## 7.3 磁器口历史街区更新过程中的利益不协调现象分析

由于磁器口历史街区保护是由磁器口保护开发有限公司负责实施，而磁器口保护开发有限公司代表的是地方政府的利益，所以在地方政府和磁器口保护开发有限公司之间没有明显的利益冲突。在磁器口历史街区保护中，比较突出的矛盾是地方政府与当地居民的矛盾以及保护街区环境与开放旅游的矛盾。

### 7.3.1 地方政府与当地居民的矛盾

在磁器口历史街区保护过程中，虽然重庆地方政府颁布了一些法律法规，并在资金投入等方面做出了很多努力，保留了街区的空间物质形态特征，满足了广大市民和外地游客观赏、消遣和怀旧情结的需要，但是他们忽视了当地居民的利益诉求和生活状况，当地居民生活品质较低。根据对磁器口历史街区的调研发现，目前还有相当数量的当地居民整日生活在面积狭小、配套缺乏的老房子里，一些居民家里甚至没有单独的卫生间，日常如厕只能去公共卫生间，还有的居民家里为了保障家庭日常用电的需要，竟然私拉私接电线，造成了很大的安全隐患。当地居民破旧、落后的居住环境远远不能满足他们对现代居住生活的需求，这从一定程度上造成了当地居民与地方政府之间的矛盾。

### 7.3.2 保护街区环境与开放旅游的矛盾

磁器口历史街区人流如织，每年都会吸引众多游客前来参观。由于磁器口历史街区目前的配套设施（如垃圾桶、停车位、公共厕所等）还不够完善，周边也没有专用停车场，因此来这里就餐或旅游的车辆只好停在道路两边。每逢节假日，拥挤的人流和车流把原本不宽的街巷堵得严严实实，给人们出行带来了许多不便，也给磁器口带来了许多安全隐患。地方政府集中精力扩大旅游宣传，发展当地经济，却忽略了磁器口的文化和生态环境等因素，造成了磁器口历史街区商业气氛过于浓厚，文化环境和生态环境相对薄弱的现象。

由于磁器口历史街区开发、开放了旅游，大量的游客聚集到磁器口，超出了磁器口历史街区的生态承载能力。不合理的开发利用不仅使得很多历史建筑遭到了一定程度的破坏，而且给磁器口历史街区带来了极大的环境负担和压力。环境保护工作滞后，生态污染与环境保护的矛盾突出，加快了磁器口历史街区的损耗速度，缩短了磁器口历史街区的寿命，遭到破坏的生态环境会使得磁器口历史街区的历史文化传承多一些障碍。

## 7.4 磁器口历史街区利益协调方式

磁器口历史街区利益相关者图谱如图 7.1 所示。从图 7.1 中可以看出，磁器口历史街区保护利益协调机制采用的是政府主导下的多主体共同管治的利益协调方式，这与本书第 6 章所建立的多主体共同管治的利益协调机制是一脉相承的。

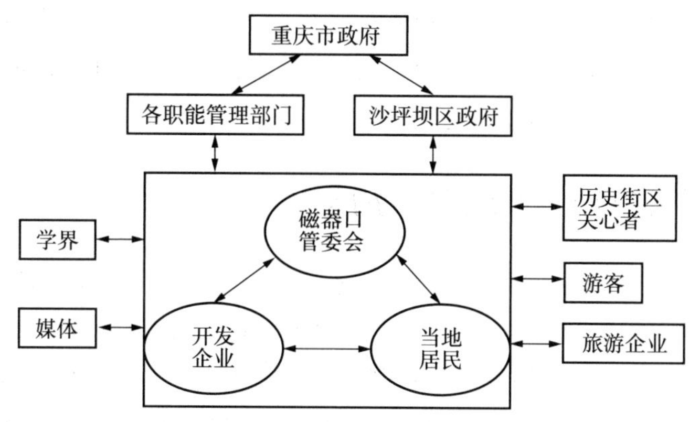


**图 7.1 磁器口历史街区利益相关者图谱**

(胡北明,王挺之.我国遗产旅游地的利益相关者分析:两个对立的案例[J].云南师范大学学报:哲学社会科学版,2010,42(3):125-130.)

## 7.4.1 地方政府处于主导地位

为了更好地保护磁器口历史街区、发展旅游,在磁器口历史街区的保护方面,地方政府始终处于主导地位。1999 年 7 月,沙坪坝区政府抽调了 3 名局级领导干部和 8 名专职工作人员组建了以政府分管领导为组长的磁器口保护建设领导小组——磁建办。后来磁器口领导机构又历经多次调整,最终形成以磁器口管委会为主的行政机构。磁器口管委会的成立克服了之前的磁器口建设办公室、磁器口保护开发有限公司"多头管理、多头无力"的局面。沙坪坝区政府经过多轮考察和筛选,2013 年又引入金融街控股股份有限公司作为战略合作方进行磁器口及周边区域的联动开发,共同打造国家级文化产业园区的标杆项目,可以说磁器口街区是一个典型的政府管理的遗产地。在磁器口历史街区保护的行政监督方面,除了受 2009 年国务院批准的《国家文物局主要职责内设机构和人员编制规定》的约束外,磁器口管委会是磁器口历史街区的直接管理部门。

## 7.4.2 法规、政策的颁布和实施

在政策法规方面,除了国家层面制定的法律法规,如《文物保护法》《中华人民共和国文物保护法实施条例》《中国文物古迹保护准则》以外,重庆地方政府也积极制定了建筑遗产保护方面的法规、规章,如《重庆市文物保护条例》《重庆磁器口历史街区保护暂行办法》等十多个相关的法规和条文。重庆市从 2013 年起就将优秀近现代建筑保护纳入政府考核的目标,要求对优秀近现代建筑实行原址、原貌保护,对违反优秀近现代建筑保护规定的单位和个人进行追责。为了推动文化业态进入旅游目的地,重庆市 2014 年出台了《重庆市人民政府办公厅关于推进文化与旅游融合发展的意见》,2015 年出台了《重庆市古籍重点保护单位认定办法》,2017 年出台了《重庆市磁器口古镇保护暂行办法》。

在政策方面,2001 年,沙坪坝区制定了《沙坪坝区"十一五"旅游业发展规划纲要》,维护

和更新了历史街区核心保护区内的部分民居建筑，这一举措使得磁器口历史街区被较好地保护下来。2002 年，重庆市人民政府发布的《关于公布第一批重庆历史文化名镇（历史文化传统街区）的通知》，大大地推动了磁器口历史街区的保护进程。2017 年 9 月 10 日，磁器口古镇获评 2017 重庆夜市文化名街。在维修改造方面，重庆地方政府和磁器口管委会对危房改造和修缮投入了大量资金。2001—2015 年，沙坪坝区政府共投入财政资金和社会资金 1 亿多元。其中，2006 年对景观风貌的整治投入 1 843. 880 2 万元，2008 年投入 94. 798 1 万元用于古镇风貌的整治。2003—2008 年，仅对钟家院子、农贸市场及部分危房的整治维修就投入 81. 614 7 万元。磁器口历史街区还以点带面，对辖区 63 户特困残疾人的危房改造和修缮进行了补助。这些法律法规和政策的颁布，给磁器口历史街区的合理保护提供了行为准绳，从一定程度上保障了磁器口历史街区工作的开展。

### 7.4.3 “以商养镇”策略的实施

磁器口“以商养镇”的策略积极地调动了一部分想从商的当地居民的积极性，他们能够主动参与到街区的经济复苏行动和更新实践中。但是，由于政府所颁布的政策和体制还不够完善，并没有广泛地调动起广大当地居民保护街区的积极性，磁器口历史街区内部还有相当数量的当地居民处于待业和“拿低保”的状态。根据对磁器口历史街区当地居民的调查和访谈发现，当地许多青壮年目前都离开了磁器口，在外地打工生存。因此，磁器口历史街区公众参与的面还不够广，参与的深度还有待加强。

### 7.4.4 业内专家把脉

在专家咨询方面，沙坪坝区政府、磁器口管委会多次聘请国内外专家为磁器口历史街区把脉。重庆大学的李和平教授、刘贵文教授先后完成了“重庆磁器口历史街区保护规划设计”“重庆市磁器口古镇开发策划”，为磁器口历史街区的保护献计献策。同时，为了使磁器口街区的开发更科学合理，沙坪坝区政府、磁器口古镇管委会还分别多次召开文化研讨会，邀请国内外的多位知名专家通过充分的调研和专题研讨，为磁器口街区的打造出谋划策，集思广益，旨在打造沙磁文化产业园、推进“巴渝老街”项目建设。通过专题研讨，发掘文化、产业与“巴渝老街”项目互通互融、交相辉映、相得益彰的契合方式和实践路径，使其成为沙磁文化产业园高度融合文旅商智、引领消费升级的集约化创新创业平台。国内外的建筑专家也多次到磁器口考察，为磁器口的规划及发展提出宝贵建议。“中国历史文化名街”考察小组高级城市规划师、国家历史文化名城保护专家委员会委员兼秘书长王景慧，清华大学教授、博士生导师张杰，也曾到磁器口历史文化街区进行实地考察，并召开了关于古街区保护与整治的座谈会，为磁器口历史街区的保护和更新提出了许多建设性的建议。2017 年 6 月 13 日，为了更好地落实“保护传承沙磁历史文脉、创建国家级文化产业园”的战略任务，重庆磁器口古镇管委会在国际创客港举行“沙磁文化产业园专家咨询委员会成立暨首次专家咨询会”，聘任重庆市地方史学会会长周勇、重庆市历史文化名城保护专委会主任委员何智亚等19名文化旅游、规划建设、策划运营等方面的专家，成立沙磁文化产业园专家咨询委员会，以提高园区决策和发展的科学化水平。

### 7.4.5 历史文化的弘扬

尽管磁器口历史街区目前文化氛围还不够浓厚，对文化底蕴的凸显还不够，但是磁器口管委会还是做了很多努力。例如，在每年的传统节日如春节、清明节、端午节、中秋节等都会举办具有传统特色的活动，如春节庙会、春节文艺演出、端午划龙船、包粽子、媒婆说亲、中秋赏月等，还经常举办摄影展和各种画展，如巴渝廉画画展、綦江农民版画展览等。为了不断增强磁器口历史街区的文化气息，2014年2月搭建了“三馆”作为文化交流阵地：一是以龙吟艺术会馆搭建书画爱好者交流平台；二是以宝善宫茶文化馆搭建文人雅士休闲平台（从2014年12月13日起在磁器口宝善宫每天都上演变脸吐火、川戏清音、评书相声、民乐曲艺等传统节目）；三是建深水井长江石博馆打造长江石观赏平台。2015年3月，磁器口管委会还邀请国内外23名专家学者召开了“文化、产业与巴渝老街项目”专题研讨会。

## 7.5 磁器口历史街区利益协调的不足

经过调研和访谈发现，磁器口历史街区目前还存在着居住环境恶劣、公共配套设施缺乏、生态环境破坏严重、当地居民人口结构失调和收入不平衡等现象，磁器口硬件基础设施条件落后，当地居民和旅游者的如厕问题、消防安全和停车问题等亟待解决。除了这些硬件措施方面的不足外，磁器口历史街区还在以下软件方面做得不够。本书提出的利益协调机制及保障措施可以有效地解决这些问题。

### 7.5.1 文化治理、伦理道德方面

在文化治理方面，虽然在规划构思中曾经提出了可持续发展的保护思想，但是在保护实践中并没有较好地贯彻这一思想。当地政府的目标是以旅游带动磁器口历史街区的发展，过分强调“最大化开发街区商业价值”，致使磁器口商业氛围越来越浓厚，浓厚的商业气息冲淡了文化气息，使得磁器口历史街区文化特色主题还不够鲜明，对传统文化保护、弘扬得还不够，磁器口历史街区的文化内涵还不够丰富。出于利益导向，磁器口管委会甚至为了经济利益而允许印度飞饼店这些毫无本地特色的店铺进入磁器口历史街区经营，这显然与磁器口历史街区的传统文化不合流。

在伦理道德方面，磁器口管委会做得也不够。比如没有对古镇经营的商家和当地的居民进行伦理道德方面的宣传和引导，只顾了表面的繁荣和热闹，却忽视了对人们内心的教育和引导，这一缺憾导致了部分商家的“宰客”“拉客”行为。由于磁器口历史街区公厕较少，

有些当地居民就拉客到自己家里方便并收取较高的费用。还有些当地居民为了一己私利，竟将居住建筑私自改成餐馆，拉客经营，不管是从安全方面还是卫生方面都达不到餐饮经营的要求，并存在一定的安全隐患。

### 7.5.2 公众参与方面

磁器口历史街区在保护过程中，公众参与的法律地位没有得到保障，在磁器口的总体规划及控制性详细规划中，公众参与不足，相关法规及管理办法中也没有对公众参与进行立法。磁器口的开发开放旅游只为少数人带来了利益，而磁器口历史街区的很大一部分弱势群体（当地原住居民）的利益并没有得到有效保障，生活条件未得到较好改善，大多数居民的收入在开发前后变化不大，还有相当多的居民领取低保，贫富差距悬殊，存在许多潜在的社会问题。

### 7.5.3 监督机制

在监督机制方面，不管是民众监督、行政监督还是专家监督，磁器口历史街区都还做得不够。磁器口管委会主要是通过座谈或研讨会的形式进行专家咨询，并没有通过专家监督其对历史街区的保护情况，没有制订科学合理的监督措施，没有形成有效的监督机制，也没有成立任何协调委员会或协调小组等专门负责监督的部门，这也是我国在监督机制方面的一个短板。

### 7.5.4 企业社会责任

由于磁器口历史街区的更新改造是由磁器口保护开发有限公司完成的，在当时的历史环境下，该企业不需要考虑企业的社会责任，它们只需按照沙坪坝区政府和磁器口管委会的要求完成磁器口历史街区的保护建设和相关产业的开发即可。因此，从这一点上来说，磁器口开发企业做得还不够，在建筑遗产保护方面，对所要保护建筑的做旧处理以及新老建筑的协调问题还需要培养前瞻性的责任意识。磁器口历史街区存在商铺布局混乱、档次不高，对商铺的引入控制不严、管理不当，公共配套设施（如公共卫生间）缺乏、安全隐患较大，生态污染和环境保护的矛盾突出等问题。由于忽略了对生态承载能力和环境容量的考虑，再加上磁器口地理条件的限制，近几年游客量的不断攀升给磁器口的生态环境带来了较大压力。

### 7.5.5 政策激励

只有磁器口传统街区的原住居民才最了解街区的历史。通过当地居民的回迁，传承街区的历史文化，是磁器口历史街区复兴的重要措施之一。近年来，针对磁器口历史街区中大批青壮年外迁,年龄结构严重失调的现象,磁器口管委会采用了重新吸引人口回迁的办法,但是回迁效果不够明显,还需要加大政策激励和回迁奖励、回迁就业安排力度。

为了进一步了解磁器口历史街区更新改造的效果并征求相关建议,作者专门对部分专家和管理者进行了访谈,通过访谈,专家及管理者们一致认为目前磁器口历史街区确实存在很多问题。专家和管理者访谈表如表 7.1 所示。

**表 7.1　专家和管理者访谈表**

| 内容 \ 访谈人员 | 专家 1 | 专家 2 | 管委会工作人员 1 | 管委会工作人员 2 | 管委会工作人员 3 |
|---|---|---|---|---|---|
| 研究专长/领域 | 城市建设与管理 | 可持续城市建设 | 建筑遗产保护 | 建筑施工 | 建筑规划 |
| 工作部门/职位 | 沙坪坝区政府/副处长 | 沙坪坝区政府/副处长 | 文旅产业办公室/科员 | 建设保护办公室/副主任 | 规划发展办公室/主任 |
| 主要观点 | 磁器口的商业氛围过于浓厚,生态卫生环境堪忧,超出了生态的承载能力 | 必须改变现在重视商业、轻视文化的现象,使磁器口街区的发展做到可持续 | 需要调动当地居民的积极性,充分发挥当地居民的作用,环境、卫生状况等方面需要改善 | 还有大量建筑需要改造,当地居民和游人的如厕问题、消防问题还需要进行整改 | 磁器口历史街区保护工作还需要继续努力,需加大配套设施的完善力度,继续扩大开发规模 |

当提到磁器口街区的旅游人数在逐年增加时,他们表示逐年增加的旅游人数与我国旅游行业的发展及近些年人们的旅游倾向和生活喜好有关,并非磁器口历史街区毫无瑕疵。作者将调研发现的问题及本书中所提出的利益协调机制和保障措施与他们进行了分享,得到了专家和管理者们的一致认同,他们认为本书提出的利益协调机制和保障措施,能够帮助解决磁器口目前存在的一些问题,并表示今后将继续努力,使磁器口历史街区变得更好,使公众参与更为普遍,文化氛围更为浓厚。只有历史街区的历史建筑得到原汁原味的保护,历史街区的人文精神得到很好的传承,才能让更多的游客在旅游中享受磁器口历史街区的历史文化价值,感受磁器口历史街区曾经的繁华与沧桑。

## 7.6　本章小结

本章以磁器口历史街区的保护为例,验证了本书构建的多主体共同管治利益协调机制的有效性和合理性。通过本章分析可以看出,磁器口历史街区的保护策略和运作模式与本书提出的多主体共同管治利益协调的思想基本吻合,磁器口历史街区保护过程中对各利益相关者利益协调的做法验证了本书构建的利益协调机制的科学性和合理性。但是,相比于本书提出的多主体共同管治利益协调机制,磁器口历史街区的做法还有一些没有涉及或做得不够,比如公众参与、监督、文化伦理和企业承担社会责任等方面。虽然磁器口历史街区的保护取得了一定的成果,但要想达到更好的效果,磁器口历史街区相关管理部门还需要在相关法律法规的制定、监督机制、公众参与、文化伦理等方面投入较大精力。

# 8 结论与展望

## 8.1 研究结论

本书通过对建筑遗产保护各利益相关者利益协调机制的研究,主要得出以下结论:

①通过研究发现,建筑遗产保护的公益要求与地方政府的功利动机之间存在着一定的矛盾和冲突。只有建立有效的利益相关者协调机制,才能解决各利益相关者之间的冲突、平衡他们之间的利益关系,使更多的建筑遗产得到保护。

②在建筑遗产保护涉及的各利益相关者中,地方政府、开发企业和当地居民是最重要的3个利益相关者。其中,地方政府是核心,起着非常关键的作用,而有效的、具有合理强制性的法律法规、政策和制度又是地方政府最有效的杀手锏。只有地方政府从思想上重视,从法律法规、政策和制度上保障,在行动上切实落实,才能在城镇化过程中保护好建筑遗产,在延续城市的历史文化、提升城市品位和内涵的同时,促进城市的可持续发展。地方政府在进行建筑遗产保护的相关决策时,应表现出对当地历史文化的敬畏和尊重,只有通过建立健全一套对建筑遗产保护具有长效性和稳定性的利益协调机制,才能有效协调各利益相关者之间的利益关系,使建筑遗产保护与城市发展协调进行。

③在城镇化过程中,开发企业在保护建筑遗产、传承历史文化方面具有不容推卸的责任。开发企业应该意识到建筑遗产是全社会的资产,而非由企业自身独享其利益。开发企业不能单纯地从小我出发,而应该遵循普世的原则,在自己获利的同时,维护好社会的公共利益。地方政府有责任引导和鼓励开发企业树立伦理责任意识,引导他们积极地承担社会伦理责任,通过法律法规、政策和制度强化开发企业保护建筑遗产的法治意识和承担社会责任的积极性。

④建筑遗产保护工作是一项复杂的系统工程,涉及多个利益主体的多个方面,需要均衡多方利益。只有建立一个以多方利益主体合作的伙伴关系为取向的、更加注重普通民众参与和社会公平的多主体共同管治的利益协调机制,才能使这项系统工程运行良好,才能从根本上协调各利益相关者之间的利益不协调现象,促进当地文化和经济的共同发展。

⑤协调好建筑遗产保护所涉及的各利益相关者之间的利益关系是全社会共同的事业,因此需要社会公众广泛地、积极地参与和支持。只有每一个利益相关者各司其职、各负其责、合作包容、群策群力、凝聚共识,才能使建筑遗产保护工作协调有序地进行。

⑥从长远的角度看,保护建筑遗产给城市带来的社会效益具有不可替代性和不可估量性。如果在城镇化中合理保护建筑遗产,发掘并发挥建筑遗产本身的诸多价值,就能够促进城市文化的延续和发展,使城市更具有生命力。

## 8.2 不足与展望

### 8.2.1 研究不足

①由于作者知识结构及文献阅读等方面的原因,对建筑遗产保护中各利益相关者之间利益冲突的分析可能不够全面,甚至存在一定的偏颇。在对矛盾问题的调查方面,调查样本较少,问题的选项提供也较少,因此分析和研究不够系统,调查结论可能不够全面,并存在一定的主观性。

②本书所采用的研究方法还需要进一步改进。

③本书所构建的利益协调机制主要是制度、政策、体制上的协调机制,在后续的研究中,还应对所提出的协调机制的广泛应用性进行进一步论证。

### 8.2.2 展望

在今后的研究历程中,应当在以下几方面继续完善:

#### 1)对建筑遗产保护各利益相关者之间的利益冲突进行进一步的分析

首先,扩大样本容量,调查对象的职业范围要广,要有广泛性和代表性,保证调查结果的精确度和可靠性;其次,科学、合理地设计调查问卷,使问卷的题目能有效地传达给被调查者,并使被调查者乐于回答。

#### 2)研究方式上引进公众的参与

公众对城市的发展变化感受最深。在今后的研究中,注重引进公众的参与。因为只凭借专家学者的主观判断来研究建筑遗产保护利益相关者的利益协调问题往往带有一定的主观色彩，而吸纳更多公众的意见，可以使研究结论更为合理。

由于研究能力和篇幅的限制，本书仅对建筑遗产保护各利益相关者的利益协调机制进行了论述，希望本书能为我国新型城镇化过程中涉及的建筑遗产保护工作提供一些启示和帮助。

# 附　录

## 附录1　主要利益相关者识别及分类的调查问卷

尊敬的女士/先生：

您好！

在城市更新改造中，保护建筑遗产所涉及的利益相关者对建筑遗产有较大的控制权和影响力，甚至会影响建筑遗产的存亡。在经济利益面前，不同的利益相关者对待建筑遗产的态度不同，在对建筑遗产保护方面各自的利益期望也不同，但各利益相关者所有期望的满足都必须基于保持建筑遗产的真实性和完整性这一前提，才能保证建筑遗产保护工作得以良好进行和持续发展。因此，在新型城镇化背景下，识别出主要的利益相关者是保护好建筑遗产的最基础和最关键的工作。通过规范和引导已识别出的各主要利益相关者在城市更新改造中的行为，有效地解决各利益相关者之间的利益冲突，保护好建筑遗产和当地历史文化是当务之急。我们在查阅相关文献、政府文件、具体案例、媒体报道的基础上，初步确定了建筑遗产保护工作所涉及的利益相关者，但这些利益相关者的重要性和积极性程度还缺乏有效的评判，因此特进行此次问卷调查。

本问卷采用匿名调查的方式，所获得的数据仅供叙述研究分析使用，不会用于任何商业目的。问卷所有问题的答案均无对错之分，请您根据实际情况，选择您认为最贴切的选项。您所提供的客观、真实的信息对我们的学术研究具有重要意义。我们保证这些数据资料只用于学术性研究，任何时候都不会公开您的个人信息。谢谢您的配合与支持！

重庆大学建设管理与房地产学院

2015 年 12 月

一、背景资料(请在相应的位置打"√")

1. 您的性别:

□男 □女

2. 您的年龄:

□20~30岁 □31~40岁 □41~50岁 □51岁及以上

3. 您对建筑遗产的了解程度:

□不了解 □基本了解 □了解 □比较了解

4. 您的单位性质:

□企业 □事业单位 □政府部门 □私营业主或个体户

5. 您的职务/职称级别:

□一般职工 □科级或中级职称 □处级或高级职称 □局级及以上

6. 您的学历:

□大专及以下 □本科 □硕士研究生 □博士研究生

如果您对本调查结果感兴趣,请您留下E-mail,我们会将最终的结果发给您。

二、利益相关者的识别及分类

本调查问卷的利益相关者是指任何能对建筑遗产保护目标的实现产生影响,或受建筑遗产保护影响的个人和群体。

经过文献梳理,并综合具体案例、媒体报道的结果,我们确认了以下13个利益相关者:中央政府、地方政府、旅游管理部门、社区居委会(或街道办)、开发企业、建筑遗产维修保护单位、建筑遗产保护管理委员会、旅行社、旅游投资公司、学界(包括建筑遗产保护研究机构、建筑遗产保护专家委员会等社会非营利性组织)、当地居民、建筑遗产维修技术人员、媒体。在这些利益相关者中:

1. 有些利益相关者对保护建筑遗产很重要,有些则不那么重要。请根据您对建筑遗产保护的认识,确定在城市更新中,以上哪些利益相关者对保护建筑遗产起着更为重要的作用? 请您在认可的空格内打"√"。最重要的利益相关者分值最高,为5分,比如您如果认为中央政府对保护建筑遗产最重要,则在5对应的空格内打"√",如果您认为地方政府最不重要,则在1对应的空格内打"√",以此类推。我们将以此方式对各利益相关者以重要性维度进行排序。

| 序号 | 利益相关者 | 利益相关者重要性赋值 | | | | |
|---|---|---|---|---|---|---|
| | | 1 | 2 | 3 | 4 | 5 |
| 1 | 中央政府 | | | | | |
| 2 | 地方政府 | | | | | |
| 3 | 旅游管理部门 | | | | | |
| 4 | 社区居委会(或街道办) | | | | | |

续表

| 序号 | 利益相关者 | 利益相关者重要性赋值 | | | | |
|---|---|---|---|---|---|---|
| | | 1 | 2 | 3 | 4 | 5 |
| 5 | 开发企业 | | | | | |
| 6 | 建筑遗产维修保护单位 | | | | | |
| 7 | 当地居民 | | | | | |
| 8 | 旅行社 | | | | | |
| 9 | 旅游投资公司 | | | | | |
| 10 | 学界(包括建筑遗产保护研究机构、建筑遗产保护专家委员会等社会非营利性组织) | | | | | |
| 11 | 建筑遗产维修技术人员 | | | | | |
| 12 | 媒体 | | | | | |
| 13 | 建筑遗产保护管理委员会 | | | | | |

2.有些利益相关者对保护建筑遗产持积极的态度,从而对保护建筑遗产有好的影响;另外有一些利益相关者则在保护建筑遗产方面不够积极,甚至起到了相反的作用。您认为这些利益相关者中,哪些更加主动(即他们参与保护建筑遗产的积极性如何)?请您在认可的空格内打“√”(分值越高代表积极性越高)。

| 序号 | 利益相关者 | 利益相关者积极性赋值 | | | | |
|---|---|---|---|---|---|---|
| | | 1 | 2 | 3 | 4 | 5 |
| 1 | 中央政府 | | | | | |
| 2 | 地方政府 | | | | | |
| 3 | 旅游管理部门 | | | | | |
| 4 | 社区居委会(或街道办) | | | | | |
| 5 | 开发企业 | | | | | |
| 6 | 建筑遗产维修保护单位 | | | | | |
| 7 | 当地居民 | | | | | |
| 8 | 旅行社 | | | | | |
| 9 | 旅游投资公司 | | | | | |
| 10 | 学界(包括建筑遗产保护研究机构、建筑遗产保护专家委员会等社会非营利性组织) | | | | | |

续表

| 序号 | 利益相关者 | 利益相关者积极性赋值 | | | | |
|---|---|---|---|---|---|---|
| | | 1 | 2 | 3 | 4 | 5 |
| 11 | 建筑遗产维修技术人员 | | | | | |
| 12 | 媒体 | | | | | |
| 13 | 建筑遗产保护管理委员会 | | | | | |

注:1. 中央政府是指建筑遗产保护的职能部门,如文化和旅游部等。

2. 地方政府是指各地区对建筑遗产保护负有管理职责的部门,如文物局、规划局、建设委员会(或建设局)等。

本次调查到此结束,再次感谢您的合作!

# 附录2　主要利益相关者之间利益不协调的专家调查问卷

尊敬的领导、专家：

您好！

建筑遗产是当地雄厚的发展资产，在宣传当地形象、历史文化教育、维系乡土情结、构建和谐人居环境等方面具有巨大的历史文化价值、科学价值和经济价值。建筑遗产具有不可替代性，一旦被破坏，就再难以恢复和接续。建筑遗产本身具有的巨大品牌效应可以促进当地旅游事业的发展，同时也带动当地公路交通和服务行业的迅速发展。然而近年来，随着城市化的进程，大量的建筑遗产正在或已经遭受了破坏。在经济利益面前，由于建筑遗产保护的各利益相关者的利益目标和利益期望值不同，各利益相关者的行为都是从满足个体利益的角度出发，他们往往会采取有利于自己的行动以使自己的利益目标得到满足，因此导致了在他们之间产生了一定的利益不协调现象甚至冲突。为了从根本上解决各利益相关者之间的利益不协调现象、协调他们之间的利益关系，特进行此次调查，以较全面地了解我国建筑遗产保护中各主要利益相关者之间的利益不协调现象及其产生原因，希望您能抽出一点宝贵时间，为我们提供宝贵的信息！

本问卷采用匿名调查的方式，所获得的数据仅供研究分析使用，不会用于任何商业目的。问卷所有问题的答案均无对错之分，请您根据实际情况，选择您认为最贴切的选项。您所提供的客观、真实的信息对于我们的学术研究具有重要的意义。我们保证这些数据资料只是用于学术性研究，并在任何时候都不会公开您的个人信息。衷心地期盼您的支持！

耽误您的宝贵时间，谢谢您的帮助！

重庆大学建设管理与房地产学院

2015 年 12 月

一、背景资料（请在相应的位置打“√”）

1. 您的性别：

□男　□女

2. 您的年龄：

□20 ~ 30 岁　□31 ~ 40 岁　□41 ~ 50 岁　□51 岁及以上

3. 您进入建筑遗产领域研究的年限：

□1 年以内　□1 ~ 5 年　□6 ~ 10 年　□11 ~ 20 年　□20 年及以上

4. 您担任的职务级别：

□一般职工　□科级或中级职称　□处级或高级职称　□局级及以上

如果您对本次调查结果感兴趣，请您留下 E-mail，我们会将最终的结果发给您。

二、利益相关者之间利益不协调现象

本次访谈指的利益相关者是指任何能对建筑遗产保护目标的实现产生影响，或受建筑遗产保护影响的个人和群体。

经过文献梳理、网络信息收集和问卷调查，我们确定了建筑遗产保护中的 5 个主要利益相关者：中央政府、地方政府、开发企业、学界（包括建筑遗产保护研究机构、建筑遗产保护专家委员会等社会非营利性组织）、当地居民。

在建筑遗产保护中，由于各利益相关者的利益目标和利益诉求不同，产生了他们之间利益的不协调。

请您根据下表中的建筑遗产保护主要的利益不协调现象进行打分，1 分表示该指标在利益相关者利益关系方面可以忽略；2 分表示该指标不重要；3 分表示该指标的地位一般；4 分表示该指标比较重要；5 分表示该指标很重要。我们将根据您的打分，对建筑遗产保护中的利益不协调现象进行统计、分析，整理出得分较高的利益不协调现象用于本书中。

| 不协调现象 | 不协调现象的重要性 | | | | |
|---|---|---|---|---|---|
| | 1 | 2 | 3 | 4 | 5 |
| 开发商一味地追求经济利益，忽视了社会效益（A1） | | | | | |
| 上级政府和下级政府的行政职权的冲突（A2） | | | | | |
| 保护建筑遗产就是为了开放旅游，增加经济收益（A3） | | | | | |
| 地方政府和人民群众的利益冲突（A4） | | | | | |
| 拆迁补偿不合理，上访群众数量增多（A5） | | | | | |
| 当地居民想保护又不能保护的思想冲突（A6） | | | | | |
| 房地产企业员工收入远远高于当地平均收入水平（A7） | | | | | |
| 旧城改造需要拆旧城建新城，旧城的历史格局被严重破坏（A8） | | | | | |

本次调查到此结束，再次感谢您的合作！

# 附录3　主要利益相关者之间利益不协调现象产生原因的专家访谈表

尊敬的专家：

您好！

为了了解我国建筑遗产保护中有关利益相关者的问题，希望您能抽出一点宝贵时间，选出您认为合理的选项。我们保证这些数据资料只是用于学术研究，且在任何时候都不会公开您的个人信息。

以下列出了一些保护建筑遗产涉及的各利益相关者利益不协调现象产生的原因，请您在您认为合适的选项前的括号内打“√”（可以多选）。我们将根据您的选择，对保护建筑遗产引起的利益不协调现象产生的原因进行统计、分析，整理出选项比较多的原因用于本书中。谢谢您的配合与支持！

利益相关者之间利益不协调现象产生的原因：

(　　)1. 不同利益相关者有不同的利益目标和利益诉求。

(　　)2. 当地人民希望工资上调，而政府没有满足这一要求。

(　　)3. 不同利益相关者的价值观念不同。

(　　)4. 中央政府对地方政府财力的支持不够。

(　　)5. 地方政府不希望开发企业无限制地开发。

(　　)6. 保护制度和法规不够完善。

(　　)7. 缺乏对各利益相关者行为有效的监督功能。

(　　)8. 拆迁时开发企业给拆迁户的经济补偿不合理。

(　　)9. 地方政府征地时给当地居民的补偿太少。

(　　)10. 对建筑遗产的认识不够，认为建筑遗产没什么价值。

(　　)11. 随着经济的发展，城市面貌需要变得更现代化。

(　　)12. 绩效考核指标不合理，不能只考核经济是否增长。

本次访谈到此结束，再次感谢您的合作！

重庆大学建设管理与房地产学院

2015年12月

# 附录4 建筑遗产保护政府包揽型机制存在的问题访谈提纲

## 一、访谈目的

通过采访政府官员、专家学者和企业负责人,了解目前政府包揽型保护机制存在的问题,并了解当地建筑遗产保护情况以及他们对建筑遗产保护的一些意见。

## 二、访谈对象

政府官员、专家学者、房地产企业负责人(万科集团、龙湖集团、融创集团)。

## 三、访谈方式及时间

1. 面对面访谈,2016 年 5 月 20 日

2. 电话访谈,2016 年 5 月 26 日—6 月 16 日。

## 四、访谈地点

新华社重庆分社贵宾休息厅。

## 五、访谈内容

1. 您感觉近年来我国建筑遗产保护工作做得怎么样? 有没有做得不够好的地方?

2. 您认为文物保护部门对建筑遗产保护采取的措施有没有得到较好的实施?

3. 您认为应不应该为了发展经济而去拆毁建筑遗产?

4. 对于建筑遗产保护,政府出台了哪些政策和措施? 有了这些措施,为什么一些建筑遗产没有得到较好的保护?(政府官员)

5. 您认为政府包揽型保护机制有哪些弊端? 应该怎样改进?

# 参考文献

[1] GRIMSEY D, LEWIS M K. Evaluating the risks of public private partnerships for infrastructure projects[J]. International Journal of Project Management, 2002, 20(2): 107-118.

[2] HART S L, SHARMA S. Engaging fringe stakeholders for competitive imagination[J]. The Academy of Management Executive, 2004, 18(1): 7-18.

[3] HWANSUK C C, ERCAN S. Sustainability indicators for managing community tourism[J]. Tourism Management, 2006, 27(6): 1274-1289.

[4] DIAN A M, ABDULLAH N C. Public participation in heritage sites conservation in malaysia: issues and challenges[J]. Social and Behavioral Sciences, 2013, 101: 248-255.

[5] OMAR S I, MUHIBUDIN M, YUSSOF I, et al. George Town, Penang as a World Heritage Site: The Stakeholders' Perceptions[J]. Social and Behavioral Sciences, 2013, 91: 88-96.

[6] HUNG H. Governance of built-heritage in a restrictive political system: The involvement of non-governmental stakeholders[J]. Habitat International, 2015, 50: 65-72.

[7] HERAZO B, LIZARRALDE G. Understanding stakeholders' approaches to sustainability in building projects[J]. Sustainable Cities and Society, 2016, 26: 240-254.

[8] FREEMAN R E. Strategic management: A stakeholder approach[M]. Boston: Pitman, 1984.

[9] EVAN W M, FREEMAN R E, CHRYSSIDES G D, et al. A stakeholder theory of the modern corporation: Kantian capitalism [M]// BEAUCHAMP T L, BOWIE N E (Eds.). Ethical theory and business. 3rd ed. Englewood Cliffs, NJ: Prentice Hall, 1988.

[10] SZWAJKOWSKI E. Simplifying the principles of stakeholder management: The three most important principles[J]. Business & Society, 2000, 39(4): 379-396.

[11] RUF B M, MURALIDHAR K, BROWN R M, et al. An empirical investigation of the relationship between change in corporate social performance and financial performance: A stake-

holder theory perspective[J]. Journal of Business Ethics, 2001, 21(1): 143-156.

[12] GARRETT M. The civil engineer's responsibility to participate in the affairs of the public [J]. Leadership and Management in Engineering, 2008, 8(4): 315-317.

[13] AAS C, LADKIN A, FLETCHER J. Stakeholder collaboration and heritage management [J]. Annals of Tourism Research, 2005, 32 (1): 28-48.

[14] ARNABOLDI M, SPILLER N. Actor-network theory and stakeholder collaboration: The case of Cultural Districts[J]. Tourism Management, 2011, 32(3): 641-654.

[15] ROBERT P. A Comparative Review of Policy for the Protection of the Architectural Heritage of Europe[J]. International Journal of Heritage Studies, 2002, 8(4): 349-363.

[16] AAS C, LADKIN A, FLETCHER J. Stakeholder collaboration and heritage management [J]. Annals of Tourism Research, 2005, 32(1): 28-48.

[17] JOPELA D J, PEREIRA A. Traditional Custodianship: A useful framework for heritage management in southern Africa? [J]. Conservation and Management of Archaeological Sites, 2011, 13(2-3): 103-122.

[18] GIANNAKOPOULOU S, Kaliampakos D. Protection of architectural heritage: attitudes of local residents and visitors in Sirako, Greece[J]. Journal of Mountain Science, 2016(3): 424-439.

[19] ACIERNO M, CURSI S, SIMEONE D, et al. Architectural heritage knowledge modelling: An ontology- based framework for conservation process[J]. Journal of Cultural Heritage, 2017, 24: 124-133.

[20] GUZMÁN P C, RODERS A R P, COLENBRANDER B J F. Measuring links between cultural heritage management and sustainable urban development: An overview of global monitoring tools[J]. Cities, 2017, 60A: 192-201.

[21] PENDLEBURY J. Conservation and Regeneration: Complementary or Conflicting Processes? The Case of Grainger Town, Newcastle upon Tyne[J]. Planning Practice & Research, 2002, 17(2): 145-158.

[22] Li L L, Shi R. Two Mechanisms Coordinating Interest Contradictions and Conflicts[J]. Social Sciences in China, 2005: 137-145.

[23] ZHAO B B. Contradiction between Architectural Heritage Protection and Economic Benefit [J]. Journal of Yangtze University(Nat Sci Edit), 2011, 8(2): 116-119.

[24] MÜLLER G C. Optimal mechanism design for the private supply of a public good[J]. Games and Economic Behavior, 2013, 80: 229-242.

[25] MISHRA D, PRAMANIK A, ROY S. Multidimensional mechanism design in single peaked type spaces[J]. Journal of Economic Theory, 2014, 153(1): 103-116.

[26] CHAWLA S, MALEC D, SIVAN B. The power of randomness in Bayesian optimal mechanism design[J]. Games and Economic Behavior, 2015,91:297-317.

[27] HONG X, LUI J C S. Modeling eBay-like reputation systems: Analysis, characterization and insurance mechanism design[J]. Performance Evaluation,2015,91:132-149.

[28] 贾生华,陈宏辉. 利益相关者的界定方法述评[J]. 外国经济与管理,2002,24(5):13-18.

[29] 吕丽辉,鹿奇. 世界文化遗产地利益相关者界定与分类的实证研究[J]. 黑龙江社会科学,2014(6):67-71.

[30] 朱莲,夏明. 宗教旅游地利益相关者的界定与分类研究[J]. 中国集体经济,2011(31):148-149.

[31] 陈宏辉. 企业利益相关者的利益要求:理论与实证研究[M]. 北京:经济管理出版社,2004.

[32] 伍百军. 古村落旅游开发利益相关者冲突和模式选择——以郁南兰寨为例[J]. 国土与自然资源研究,2016(3):93-96.

[33] 谢春山,于霞. 文化旅游的利益相关者及其利益诉求研究[J]. 旅游研究,2016,8(4):14-19,26.

[34] 张文雅. 我国区域旅游利益相关者合作机制探讨[J]. 湖北经济学院学报:人文社会科学版,2007(6):51-52.

[35] 屈颖,赵秉琨. 试论旅游市场中利益相关者的旅游伦理建设[J]. 陕西青年管理干部学院学报,2007,20(1):46-48.

[36] 胡北明,王挺之. 基于利益相关者视角的我国遗产旅游地管理体制改革[J]. 软科学,2010,24(5):69-72.

[37] 杨花英. 旅游产业利益相关者利益冲突的表现形式及协调——以湖南湘西州旅游景点为例[J]. 企业研究,2011(24):4.

[38] 赵彤. 区域旅游合作中的利益冲突及协调路径分析——基于利益相关者理论[J]. 商场现代化,2012(30):99-100.

[39] 方怀龙,玉宝,张东方,等. 林业自然保护区生态旅游利益相关者的利益矛盾起因及对策[J]. 西北林学院学报,2012(4):252-257.

[40] 方勇刚,黄蔚艳. 乡村旅游发展中利益相关者的利益及协调[J]. 管理观察,2014(13):175-177.

[41] 剧琳彬,刘树军. 边界共生型体育旅游景区发展中利益相关者冲突与协调研究[J]. 大众科技,2015(2):176-178.

[42] 张安民. 旅游新景区开发的利益相关者博弈分析——以平顶山清水河景区为例[J]. 资源开发与市场,2007,23(11):1041-1044.

[43] 韦复生.旅游社区居民与利益相关者博弈关系分析——以大型桂林山水实景演出“印象刘三姐”为例[J].广西民族研究,2007(3):197-205.

[44] 刘春莲,李茂林.西江千户苗寨旅游开发中利益相关者分析[J].安徽农业科学,2011,39(1):329-330.

[45] 纪金雄.下梅古村落旅游利益相关者生态位优化研究[J].内江师范学院学报,2011,26(4):58-61.

[46] 唐杰锋.湘西民族地区村寨旅游利益相关者利益分配研究[J].商场现代化,2013(6):108-109.

[47] 任耘.基于利益相关者理论的民族村寨旅游开发研究——以四川理县桃坪羌寨为例[J].贵州民族研究,2013(2):112-115.

[48] 赵春雨,毕庆伟,郝晓兰.内蒙古草原旅游核心利益相关者共赢机制研究[J].内蒙古财经大学学报,2014,12(4):20-25.

[49] 孙建平,张春阳,田文红.基于利益相关者视角下旅游景区管理的和谐共生机制探究——以九寨沟景区为例[J].旅游纵览:下半月,2014(2):32-35.

[50] 黄洁,张伟峰,张咪.青木川古镇旅游利益相关者利益均衡机制研究[J].北方经贸,2016(6):164-166.

[51] 吕亚洁,王晓立.从利益相关者之间的冲突与协调来看利益相关者管理[J].襄樊职业技术学院学报,2005,4(2):68-70.

[52] 胡海燕.世界文化遗产利益相关者管理的理想模式研究——以布达拉宫为例[J].西藏大学学报:社会科学版,2006,21(1):23-28.

[53] 郭华.制度变迁视角的乡村旅游社区利益相关者管理研究[D].广州:暨南大学,2007.

[54] 赵英梅.考古旅游景区开发中的利益相关方冲突管理[D].济南:山东大学,2011.

[55] 朱莲.宗教风景区利益相关者管理研究——以九华山为例[D].合肥:安徽大学,2012.

[56] 张琨,李娇.我国利益相关者管理现状及政策建议[J].北方经济,2013(4):18-19.

[57] 张静.利益相关者管理视角下会展企业竞争力提升策略研究[J].中国集体经济,2014(22):28-29.

[58] 王燕.基于利益相关者管理的企业社会责任研究[J].中州大学学报,2015(2):23-27.

[59] 罗伟亮,杨文培,李静.基于行动者网络理论的城市环境治理利益相关者管理[J].商业经济研究,2015(2):120-122.

[60] 陈卫东,张紫禾.微电网企业利益相关者识别和关系管理研究[J].天津大学学报:社会科学版,2016,18(4):289-293.

[61] 陈宏辉.利益相关者管理:企业伦理管理的时代要求[J].经济问题探索,2003(2):68-71.

[62] 陈宏辉,贾生华.企业利益相关者的利益协调与公司治理的平衡原理[J].中国工业经

济,2005(8):114-121.
[63] 邓丽娜,王韬.利益相关者与企业伦理关系分析[J].经济与管理,2007,21(7):47-49.
[64] 夏恩君,薛永基,刘楠.基于利益相关者的企业伦理决策模型研究[J].技术经济,2008,27(4):103-108.
[65] 夏绪梅.基于利益相关者视角的企业伦理评价研究[J].经济体制改革,2011(6):104-108.
[66] 任明哲.论餐饮企业商业伦理——基于餐饮企业利益相关者的研究[J].经济研究导刊,2012(17):20-21.
[67] 潘奇.企业与利益相关者关系的重新定位——基于哈贝马斯对话伦理的研究[J].浙江工商大学学报,2013(4):57-63.
[68] 黄孟芳,张再林.基于利益相关者和企业社会责任的经济伦理建构[J].河北学刊,2014(3):179-183.
[69] 曾晖.工程项目利益相关者的伦理责任研究[J].长沙铁道学院学报:社会科学版,2014(1):22-23.
[70] 姜雨峰,田虹.伦理领导与企业社会责任:利益相关者压力和权力距离的影响效应[J].南京师大学报:社会科学版,2015(1):61-69.
[71] 陈仕伟.大数据利益相关者的利益矛盾及其伦理治理[J].创新,2016,10(4):70-75.
[72] 潘楚林,田虹.利益相关者压力、企业环境伦理与前瞻型环境战略[J].管理科学,2016,29(3):38-48.
[73] 佘海超.近十年我国城市遗产保护中公众参与研究综述[J].重庆建筑,2014(8):12-16.
[74] 刘婧.公众参与的起源及其在历史文化遗产保护中发展[J].四川建筑,2007,27(1):60-61,64.
[75] 刘婧.历史文化遗产保护中的公众参与[D].重庆:重庆大学,2007.
[76] 齐晓瑾,张弓.文化遗产保护规划编制过程中的公众参与[J].北京规划建设,2016(1):90-94.
[77] 刘敏.天津建筑遗产保护公众参与机制与实践研究[D].天津:天津大学,2012.
[78] 龚亚西,高颖玉.苏州城市遗产保护中的公众参与机制研究[J].中外建筑,2016(10):46-48.
[79] 郑钦方,朱光亚,阎亚宁,等.作为文化的预防性保护中的公众参与——台湾建筑遗产防灾中的公众消防演习[J].建筑与文化,2016(1):69-70.
[80] 王华,梁明珠.公众参与公共性遗产资源保护的影响因素分析——中国香港保留皇后码头事件透视[J].旅游学刊,2009,24(4):46-50.
[81] 张金玲,施丽辉.公众参与文化遗产保护和开发的实证研究——从抗倭遗址蒲壮所城

义务“文保会”谈起[J]. 经济研究导刊,2013(27):277-279.
[82] 杨颉慧. 社会公众参与文化遗产保护的困境及路径[J]. 殷都学刊,2014(3):116-118.
[83] 朱练平,欧飞兵,程树武. 国外文化遗产保护公众参与机制简介[J]. 景德镇高专学报,2011(3):51-53.
[84] 汪丽君,舒平,侯薇. 冲突、多样性与公众参与——美国建筑历史遗产保护历程研究[J]. 建筑学报,2011(5):43-47.
[85] 张国超. 美国公众参与文化遗产保护的经验与启示[J]. 天中学刊,2012,27(4):128-131.
[86] 张国超. 意大利公众参与文化遗产保护的经验与启示[J]. 中国文物科学研究,2013(1):43-46.
[87] 黄松. 墨尔本:保护城市遗产重在公众参与[J]. 公关世界,2014(6):53-55.
[88] 刘春凯. 英国文化遗产保护的公众参与借鉴[J]. 中国名城,2016(6):55-59,74.
[89] 王纯阳,黄福才. 村落遗产地利益相关者界定与分类的实证研究——以开平碉楼与村落为例[J]. 旅游学刊,2012(8):88-94.
[90] 王纯阳. 村落遗产地核心利益相关者利益诉求研究——以开平碉楼与村落为例[J]. 技术经济与管理研究,2012(9):115-119.
[91] 贾丽奇,邬东璠. 公众“实质性”参与天坛遗产保护的问题及思考——基于天坛利益相关者意愿与诉求的实证研究[J]. 中国园林,2014(4):59-62.
[92] 倪斌. 建筑遗产利益相关者行为的经济学分析[J]. 同济大学学报:社会科学版,2011,22(5):118-124.
[93] 陈辰. 基于利益相关者的佛教遗产旅游开发探讨——以南京市佛教遗产为例[J]. 东南大学学报:哲学社会科学版,2011(S2):76-79.
[94] 石应平,陈露,刘海汀. 基于利益相关者调查的古城拉萨城市遗产研究[J]. 旅游研究,2013(1):58-62.
[95] 施大尉,郭琪,胡冉,等. 遗产地旅游开发中主体间利益协调机制研究——以江苏兴化垛田为例[J]. 旅游纵览:下半月,2015(2):169-173.
[96] 陈炜,程芸燕,文冬妮. 汉传佛教文化遗产旅游地利益相关者协调机制研究——以广西桂平西山为例[J]. 广西民族研究,2015(6):155-164.
[97] 鹿奇. 西湖遗产地利益相关者利益协调机制研究[D]. 杭州:杭州电子科技大学,2015.
[98] 吴可人. 城市规划中四类利益主体剖析及利益协调机制研究[D]. 杭州:浙江大学,2006.
[99] 徐虹,李筱东,吴珊珊. 基于共生理论的体育旅游开发及其利益协调机制研究[J]. 旅游论坛,2008,1(2):207-212.
[100] 纪金雄. 下梅古村落旅游利益相关者共生机制构建研究[D]. 福州:福建农林大

学,2010.

[101] 杨花英,彭南珍. 湖南西部民族地区旅游产业利益相关者利益协调机制的建立研究——以湘西州景点圈为例[J]. 东方企业文化,2011(24):64.

[102] 杨花英,彭南珍. 民族地区旅游产业开发利益相关者利益协调机制的创建探析——以湘西州景点圈为例[J]. 现代经济信息,2011(24):311-313.

[103] 田晓华. 乡村旅游发展的利益协调机制研究[J]. 潍坊学院学报,2012,12(3):73-75.

[104] 欧阳琳. 民族地区旅游产业开发中利益协调机制和模式选择研究[M]. 北京:中国戏剧出版社,2013.

[105] 吕丽辉,鹿奇. 文化遗产旅游资源保护的利益协调机制研究——以龙门古镇为例[J]. 职业时空,2014(8):56-57.

[106] 李楚彬,肖婷. 古村落旅游开发中的利益协调机制研究[J]. 旅游纵览:下半月,2014(5):14.

[107] 郭小涛. 贵州西江千户苗寨旅游利益协调机制研究[D]. 成都:西南民族大学,2015.

[108] 汪子茗. 历史文化名镇保护的利益协调机制研究——以重庆市为例[D]. 重庆:重庆大学,2015.

[109] 叶萍. 我国城市房屋拆迁中的利益协调机制研究[D]. 成都:电子科技大学,2015.

[110] 阮仪三. 城市遗产保护论[M]. 上海:上海科学技术出版社,2005.

[111] 单霁翔. 城市化发展与文化遗产保护[M]. 天津:天津大学出版社,2006.

[112] 王伟光. 利益论[M]. 北京:中国社会科学出版社,2010.

[113] 李路路. 和谐社会:利益矛盾与冲突的协调[J]. 探索与争鸣,2005(5):2-6.

[114] 陈敏昭,晋一. 论利益协调机制的重构[J]. 现代经济探讨,2007(4):15-19.

[115] 张菊梅,吴克昌. 控制社会阶层分化的利益协调机制研究[J]. 经济研究导刊,2007(9):9-10,51.

[116] 常宏建. 项目利益相关者协调机制研究[D]. 济南:山东大学,2009.

[117] 张维迎. 博弈论与信息经济学[M]. 上海:上海人民出版社,1996.

[118] 王周户. 公众参与的理论与实践[M]. 北京:法律出版社,2011.

[119] 贾西津. 中国公民参与——案例与模式[M]. 北京:社会科学文献出版社,2008.

[120] 王锡锌. 公众参与:参与式民主的理论想象及制度实践[J]. 政治与法律,2008(6):8-14.

[121] 蔡定剑. 公众参与:风险社会的制度建设[M]. 北京:法律出版社,2009.

[122] 肖建莉. 我国城市文化遗产管理中的利益相关者、产权结构和管理主体研究[D]. 上海:同济大学,2008.

[123] 周剑虹,张妍. 浅谈文化遗产的利益相关者——以曹操墓为例[J]. 西安电子科技大学学报:社会科学版,2010,20(6):110-114.

[124] 薄茜. 工业遗产旅游利益相关者角色定位研究[J]. 经济研究导刊,2012(2):71-72.

[125] 焦柳丹. 城市轨道交通利用效率研究[D]. 重庆:重庆大学,2016.

[126] 吕小娟. 国家公园建设管理中的利益协调机制研究[D]. 重庆:重庆师范大学,2011.

[127] 杨奎. 毛泽东利益协调思想的当代解读[J]. 毛泽东邓小平理论研究,2008(5):71-75,70.

[128] 刘祎绯. 世界文化遗产地经济价值的伦理学探讨[J]. 华中建筑,2013(11):14-16.

[129] 严宇辰. 文化遗产外部性的经济分析与对策研究[J]. 文史月刊,2012(8):248-249.

[130] 孙肖远. 利益协调导论——科学发展观视野中的利益协调研究[M]. 南京:东南大学出版社,2008.

[131] 张兆国. 利益相关者视角下企业社会责任问题研究[M]. 北京:中国财政经济出版社,2014.